用于国家职业技能鉴定

国家职业技能鉴定考试指导手册

高低压电器装配工

（高级）

编审委员会

主　　任：刘　康

副主任：陈李翔　原淑炜

委　　员：陈　蕾　袁　芳　王　颖　王　鹏　葛恒双　张灵芝　李　明　史武华

编审人员名单

主　　编：刘英杰

副主编：董玉拄　徐红英　李静茹

编写人员：徐红英　董玉拄　王惜伟　张愈浓　李静茹　吕本顺

GDY

DIANQI ZHUANGPEIGONG

中国劳动社会保障出版社

图书在版编目(CIP)数据

高低压电器装配工：高级/中国就业培训技术指导中心，劳动和社会保障部职业技能鉴定中心组织编写. —北京：中国劳动社会保障出版社，2007

国家职业技能鉴定考试指导手册

ISBN 978-7-5045-6523-5

Ⅰ. 高… Ⅱ. ①中…②劳… Ⅲ. ①高压电器-装配-职业技能鉴定-自学参考资料②低压电器-装配-职业技能鉴定-自学参考资料 Ⅳ. TM5-62

中国版本图书馆 CIP 数据核字(2007)第 165771 号

中国劳动社会保障出版社出版发行

(北京市惠新东街 1 号　邮政编码：100029)

出 版 人：张梦欣

*

北京人卫印刷厂印刷装订　新华书店经销

787 毫米×960 毫米　16 开本　12.5 印张　176 千字

2007 年 11 月第 1 版　　2007 年 11 月第 1 次印刷

定价：22.00 元

读者服务部电话：010-64929211

发行部电话：010-64927085

出版社网址：http://www.class.com.cn

前　言

对劳动者实行职业技能鉴定，推行国家职业资格证书制度，是促进劳动力市场建设和发展的有效措施，关乎广大劳动者的切身利益，关乎企业发展和社会经济进步，对于全面提高劳动者素质和职工队伍的创新能力具有重要作用，也是当前我国经济社会发展，特别是就业、再就业工作的迫切要求。为此，原劳动部在1993年《职业技能鉴定规定》中要求：我国的职业技能鉴定实行统一命题原则，由劳动部组织建立职业技能鉴定国家题库网络。国家题库网络建设工作是我国职业技能鉴定质量保证体系中的关键环节之一，是保证鉴定工作质量、提高鉴定工作水平、加强鉴定工作管理力度的重要技术手段，是我国职业资格证书制度从普及向纵深发展的重要技术基础。劳动和社会保障部在1999年《关于启用职业技能鉴定国家题库的通知》中进一步要求：自国家题库公布后，全国范围内以发放中华人民共和国职业资格证书为最终手段的鉴定考核，其所用试题试卷一律从国家题库中提取。

高低压电器装配工国家题库的建立，对于保证本职业鉴定工作质量起着重要作用。为了使全国职业培训领域和职业技能鉴定领域的专家以及即将参加职业技能鉴定的学员对高低压电器装配工的理论知识和操作技能考核试题库的建库目标、命题技术原理、考核内容结构和具体考核要求有一个全面的了解，劳动和社会保障部职业技能鉴定中心组织参与国家题库开发的命题专家，编写了与国家题库相配套的《国家职业技能鉴定考试指导手册》。该手册由“职业技能鉴定国家题库简介与复习注意事项”“理论知识考试复习指导”和“操作技能考核复习指导”三个部分组成。书中介绍了国家题库的命题依据、试卷结构和题型题量，同时从国家题库中抽取部分理论知识与操作技能试题和试卷样例供考生参考和练习，便于考生能够有针对性地进行考前复习准备。手册与国家职业标准、国家职业资格培训教程、国家题库是相配套的，今后我们会随着国家职业标准、国家职业资格培训教程以及国家题库内容的不断更新，逐步对手册进行补充和完善。

本书在编写过程中，得到天津市职业技能鉴定指导中心有关专家的大力支持，在此一并表示感谢。

由于时间仓促，缺乏经验，难免有不足之处，恳请各使用单位和个人提出宝贵意见和建议。

《国家职业技能鉴定考试指导手册》
编审委员会

目　录

CONTENTS 国家职业技能鉴定考试指导手册

第一篇　职业技能鉴定国家题库简介与复习注意事项

▶ 第一部分　职业技能鉴定和国家题库简介

▶ 第二部分　职业技能鉴定考核复习注意事项

第二篇　理论知识考试复习指导

▶ 第三部分　理论知识考试解读

▶ 第四部分　理论知识鉴定要素

▶ 第五部分　理论知识考试复习要点

▶ 第六部分　理论知识试题精选

▶ 第七部分　理论知识考试模拟试卷

第三篇　操作技能考核复习指导

第八部分　操作技能考核解读

第九部分　操作技能考核要素

第十部分　操作技能考核试题

第十一部分　操作技能考核模拟试卷

第一篇

职业技能鉴定国家题库简介与复习注意事项

ZHIYE JINENG JIANDING GUOJIA TIKU JIANJIE YU FUXI ZHUYI SHIXIANG

第一部分

职业技能鉴定和国家题库简介

职业技能鉴定

1. 职业技能鉴定是按照国家有关规定，对劳动者专业知识和技能水平进行客观公正、科学规范的评价与认证。

2. 按有关规定，从事技术职业（工种）的从业人员或准备从事技术职业（工种）的人员，都可以申报参加职业技能鉴定。

3. 职业技能鉴定一般分为理论知识考试和操作技能考核。理论知识考试一般采用闭卷笔试方式，操作技能考核多采用现场实际操作方式。技师以上级别还须进行综合评审。

4. 职业技能鉴定理论知识考试和操作技能考核均实行百分制，成绩皆达 60 分以上者为合格。

5. 职业技能鉴定合格者，可获得国家职业资格证书。

6. 国家职业资格证书是劳动者专业知识和职业技能水平的证明，是进入就业岗位的凭证。

职业技能鉴定国家题库

职业技能鉴定国家题库是由劳动和社会保障部组织开发的用于全国职业技能鉴定的统一试题库。

职业技能鉴定国家题库的权威性

1. 由劳动和社会保障部组织专家开发。

2. 本职业领域全国高水平专家参与命题。

3. 以劳动和社会保障部颁布的《国家职业标准》为依据，参考中国就业培训技术指导中心组织编写的《国家职业资格培训教程》。

建立职业技能鉴定国家题库的意义

1. 有利于规范全国职业技能鉴定行为，保证职业技能鉴定质量。

2. 有利于统一全国职业技能鉴定水平，为从业者择业就业提供公平、客观的能力水平评价。

职业技能鉴定国家题库管理与使用

1. 职业技能鉴定国家题库运行管理网络由国家总库、地方分库和行业分库组成。

国家总库设在劳动和社会保障部职业技能鉴定中心，主要负责制定国家题库运行管理网络的总体规划和运行组织管理，建立《国家职业技能鉴定命题技术标准》，组织开发示范性通用职业（工种）题库资源，并配发到地方分库。

地方分库由各省职业技能鉴定（指导）中心负责运行管理，主要提供通用职业（工种）鉴定试题和试卷。

行业分库由有关行业部门职业技能鉴定指导中心负责运行管理，主要提供行业特有职业（工种）鉴定试题和试卷。

2. 全国各地在组织国家题库已有职业（工种）的鉴定考核时，一律从国家题库中抽取试题。

3. 职业技能鉴定国家题库资源目录可通过劳动和社会保障部职业技能鉴定中心“国家职业资格工作网”（www. osta. org. cn）查询。

4. 考生、考评员、培训机构、鉴定机构等相关使用者一旦发现国家题库试题试卷存在问题，可及时进入上述网址题库反馈修正系统的页面反馈国家题库意见或建议。

职业技能鉴定国家题库的主要内容

1. 国家题库的内容分为两部分，即理论知识题库和操作技能题库。

2. 理论知识题库每个职业含几千道试题，题型包括填空题、选择题、判断题、简答题、计算题、绘图题、论述题等。目前初级、中级、高级一般以选择题和判断题等客观题型为主，技师以上级别含上述多种题型。本职业理论知识题库有关介绍请参阅本书“第二篇　理论知识考试复习指导”中的相关内容。

3. 操作技能题库根据职业特点，由涉及职业活动领域的若干试题组成，考核方式有现场实际操作、模拟操作、笔试、口试等多种形式。本职业操作技能题库的相关介绍请参阅本书“第三篇　操作技能考核复习指导”中的相关内容。

职业技能鉴定国家题库的命题基本依据与基本原则

◉ 命题基本依据

1. 依据劳动和社会保障部颁布的《国家职业标准》《国家职业技能鉴定命题技术标准》。

2. 参考中国就业培训技术指导中心组织编写的《国家职业资格培训教程》。

3. 本职业命题依据劳动和社会保障部2002年颁布的《国家职业标准——高低压电器装配工》，参考中国就业培训技术指导中心组织编写的《国家职业资格培训教程——高低压电器装配工》。

◉ 命题基本原则

1. 反映职业活动对从业人员的知识和技能要求。

2. 理论知识命题强调本职业实际工作中必备的知识，不出偏题、怪题。

3. 操作技能命题强调科学性和可行性，试题既能反映本职业主要操作活动内容和要求，具有科学规范性；又能使考核过程简便易行，具有适用可行性。

第二部分

职业技能鉴定考核复习注意事项

勤学苦练　获得真才实干

1. 职业技能鉴定不同于一般考试，它是以职业技能为着眼点的考试；而熟练的职业技能必须通过长期不断的练习和实践才能获得。

2. 职业技能鉴定的根本目的不是考试，而是为了提高劳动者职业技能和素质，因此职业技能鉴定涉及的试题内容紧密围绕职业活动。采用猜题、押题或死记硬背考题的复习方法不如下工夫把时间和精力用在学习和实践上。

3. 职业技能鉴定是一种达标考试，考生无论在工作岗位实践中，还是在职业学校学习，只要认真学习，努力实践，达到《国家职业标准》的相关要求，就可以通过考试。

把握标准　使用相关资料

◉《国家职业标准》

《国家职业标准》是根据职业活动内容，对从业人员工作能力和知识水平的规范性要求，由劳动和社会保障部组织制定并颁布。《国家职业标准》明确了本职业各个等级从业人员应掌握的知识和技能要求，是职业培训和职业技能鉴定的基本依据。

◉《国家职业资格培训教程》

《国家职业资格培训教程》是与《国家职业标准》紧密衔接的职业培训用书，由中国就业培训技术指导中心组织编写。《国家职业资格培训教程》内容体现“以职业活动为导向，以职业能力为核心”的指导思想，突出职业培训特色，是全国职业资格培训与认证考核的推荐教材。

◉《国家职业技能鉴定考试指导手册》

《国家职业技能鉴定考试指导手册》是以《国家职业标准》为依据，参考《国家职业资格培训教程》，与职业技能鉴定国家题库相衔接的考核复习指导资料。《国家职业技能鉴定考试指导手册》详细列出职业技能鉴定考核要点，理论知识部分对这些考核要点进行了简明扼要的讲解，操作技能部分给出了考核要求和评分标准，同时给出模拟试卷，使考生了解职业技能鉴定的考核形式，消除正式考核时的陌生感和紧张情绪，做到心中有数，把复习的精力投入到学习和实践中去。

全面复习　掌握基本要点

1. 考生在考前进行全面复习时，对基本知识要点和操作要领要记忆准确、理解透彻、运用熟练，同时要善于抓住重点。《国家职业技能鉴定考试指导手册》第二篇、第三篇所列理论知识鉴定要素细目表、操作技能考核内容结构表和操作技能鉴定要素细目表，是依据《国家职业标准》对考核内容的细化，是命题的直接依据，也是理论知识考试和操作技能考核的要点。因此对这些内容应全面理解，深入领会。

2. 考生在使用《国家职业技能鉴定考试指导手册》中的试题精选和模拟试卷进行练习时，如果发现哪一题解答有问题或操作有困难，应该立即检查并请教，发现问题所在，及时解决本职业领域知识和技能的难点问题。

3. 考前复习要讲究方法，提高效率。从复习的时间阶段来说，第一阶段可以安排全面复习与练习；第二阶段可以安排重点复习和练习，巩固已掌握的知识和操作要领；第三阶段可以安排模拟练习，以进一步理解考核的要求和内容。

劳逸结合　注意身心调整

1. 身体状况、心情、经验以及期待水平等许多因素都会影响考生在考场的表现。

2. 考生复习时要劳逸结合，注意身体和心理状态的调节。

3. 保持良好的心态，力戒焦虑，是取得好成绩的因素之一。考生应根据自己的实力，订立一个切实可行的目标，这是降低考试焦虑水平行之有效的方法。

4. 考核前，按职业技能鉴定机构通知，提前做好相应准备，如参加职业技能鉴定必须携带的证件、用具、模特等，避免由于准备不足而影响考核正常发挥。

第二篇

理论知识考试复习指导

LILUN ZHISHI KAOSHI FUXI ZHIDAO

第三部分

理论知识考试解读

理论知识试卷构成

目前，本职业初级、中级、高级理论知识考试采用标准化试卷，每个级别考试试卷有“选择题”和“判断题”两大类题型。

1. 选择题为“四选一”单选题型，即每道题有四个选项，其中只有一个选项为正确选项，共160题，每题0.5分，共80分。

2. 判断题为正误判断题型，共40题，每题0.5分，共20分。

理论知识考试答题时间和答题要求

◉ 理论知识试卷的答题时间

按《国家职业标准》要求，本职业高级理论知识考试时间为120 min。

◉ 理论知识试卷的答题要求

1. 采用试卷答题时，作答选择题，应按要求在试题前面的括号中填写正确选项的字母；作答判断题，应根据对试题的分析判断，在括号中画“√”或“×”。

2. 采用答题卡答题时，按要求，直接在答题卡上选择相应的答案处涂色即可。

3. 采用计算机考试时，按要求，点击选定的答案即可。

具体答题要求，在考试前，考评人员会做详细说明。

理论知识试卷生成方式

理论知识国家题库采用计算机自动生成试卷，即计算机按照本职业的理论知识鉴定要素细目表的结构特征，使用统一的组卷模型，从题库中随机抽取相应试题，组成试卷。

第四部分

理论知识鉴定要素

理论知识鉴定要素细目表说明

1. 理论知识鉴定要素细目表是依据《国家职业标准》，参考《国家职业资格培训教程》内容细化而成，是国家题库理论知识试题命题和抽题组卷依据。

2. 理论知识鉴定要素细目表中的鉴定点就是理论知识考试的知识要点。

3. 理论知识鉴定要素细目表中，每个鉴定点都有重要程度指标，即鉴定点后标注的“X”“Y”“Z”。其中：

“X”表示“核心要素”，是鉴定点集合中最重要、考试中出现频率也最高的内容；

“Y”表示“一般要素”，是鉴定点集合中一般重要的内容；

“Z”表示“辅助要素”，是鉴定点集合中重要程度较低的内容。

4. 理论知识鉴定要素细目表中，每个鉴定内容都有鉴定比重指标，它表示在一份考试试卷中该鉴定内容所占的分数比例。例如，某一鉴定内容的鉴定比重为5，就表示在组成100分为满分的试卷中，该鉴定内容所占分值为5分。

理论知识鉴定要素细目表

高级高低压电器装配工理论知识鉴定要素细目表

<table>
<tr><th colspan="6">鉴定范围</th><th colspan="3">鉴定点</th></tr>
<tr><th colspan="2">一级</th><th colspan="2">二级</th><th colspan="2">三级</th><th rowspan="2">序号</th><th rowspan="2">名　称</th><th rowspan="2">重要程度</th></tr>
<tr><th>名称</th><th>鉴定比重（%）</th><th>名称</th><th>鉴定比重（%）</th><th>名称</th><th>鉴定比重（%）</th></tr>
<tr><td rowspan="21">基本要求</td><td rowspan="21">19</td><td rowspan="13">职业道德</td><td rowspan="13">5</td><td rowspan="13">职业道德基本知识</td><td rowspan="13">5</td><td>1</td><td>职业道德的基本内涵</td><td>Z</td></tr>
<tr><td>2</td><td>市场经济条件下，职业道德的功能</td><td>X</td></tr>
<tr><td>3</td><td>企业文化的功能</td><td>X</td></tr>
<tr><td>4</td><td>职业道德对增强企业凝聚力、竞争力的作用</td><td>Y</td></tr>
<tr><td>5</td><td>职业道德是事业成功的保证</td><td>X</td></tr>
<tr><td>6</td><td>文明礼貌的具体要求</td><td>X</td></tr>
<tr><td>7</td><td>爱岗敬业的具体要求</td><td>X</td></tr>
<tr><td>8</td><td>对诚实守信基本内涵的理解</td><td>X</td></tr>
<tr><td>9</td><td>办事公道的具体要求</td><td>X</td></tr>
<tr><td>10</td><td>勤劳节俭的现代意义</td><td>X</td></tr>
<tr><td>11</td><td>企业员工遵纪守法的要求</td><td>X</td></tr>
<tr><td>12</td><td>团结互助的基本要求</td><td>X</td></tr>
<tr><td>13</td><td>创新的道德要求</td><td>Y</td></tr>
<tr><td rowspan="8">基础知识</td><td rowspan="8">14</td><td rowspan="8">电工基础知识</td><td rowspan="8">11</td><td>1</td><td>电动势的定义</td><td>X</td></tr>
<tr><td>2</td><td>电阻的混联计算</td><td>X</td></tr>
<tr><td>3</td><td>欧姆定律的概念</td><td>X</td></tr>
<tr><td>4</td><td>磁感应强度的概念</td><td>Y</td></tr>
<tr><td>5</td><td>楞次定律的概念</td><td>Y</td></tr>
<tr><td>6</td><td>交流电流有效值的计算</td><td>X</td></tr>
<tr><td>7</td><td>三相正弦交流电源的概念</td><td>X</td></tr>
<tr><td>8</td><td>交流负载的连接方式</td><td>X</td></tr>
</table>

续表

鉴定范围						鉴定点		
一级		二级		三级				
名称	鉴定比重（%）	名称	鉴定比重（%）	名称	鉴定比重（%）	序号	名称	重要程度
基本要求	19	基础知识	14	电工基础知识	11	9	低压电器的概念	X
						10	低压电器的电磁机构	X
						11	低压电器的灭弧方式	X
						12	低压断路器的主要作用	X
						13	高低压电器试验项目	X
						14	避雷器的作用	Y
						15	高压断路器型号的含义	X
						16	二次回路的概念	X
						17	母线的性能	X
						18	二次绝缘线的选用	X
						19	电磁线的概念	Y
						20	电子器件的分类	Y
						21	晶体管结构	Y
						22	晶闸管的定义	X
						23	整流电路的区别	X
						24	电气文字符号的定义	X
						25	电气文字图形符号的识别	X
						26	爬电距离的概念	X
						27	电动工具的使用	X
						28	气动工具的主要故障	X
						29	高压一次设备的电气间隙参数	X
						30	高压熔断器型号的含义	X
						31	电阻额定值的计算	X
						32	电功率的计算	X
						33	磁力线的特点	X
						34	互感的概念	X

续表

鉴定范围						鉴定点		
一级		二级		三级				
名称	鉴定比重（%）	名称	鉴定比重（%）	名称	鉴定比重（%）	序号	名　　称	重要程度
基本要求	19	基础知识	14	钳工基础知识	2	1	钻头刃磨要求	X
						2	铰削速度的选择	X
						3	台钻的安全使用常识	Y
						4	钻孔方法	X
						5	扩孔方法	X
						6	铆接方法	X
						7	气动铆接工艺的要求	X
						8	外螺纹加工方法	Y
				机械识图知识	1	1	装配图包含的内容	X
						2	装配图尺寸标注	X
相关知识	81	工作前准备	25	劳动保护与安全生产	5	1	启动设备前的注意事项	X
						2	电动工具使用的注意事项	X
						3	人身安全注意事项	X
						4	电气运行的全过程	X
						5	高空作业的注意事项	X
						6	工作完毕后清理现场的要求	Y
						7	风动工具使用的注意事项	Y
						8	管理职能	Y
						9	电力设备的维修	Z
						10	电气设备检修规则	X
				工具、量具、仪器仪表	8	1	装配 ZN28－12 真空断路器真空灭弧室时使用的工具	X
						2	装配 ZN28－12 真空断路器真空灭弧室时使用的量具	X
						3	测试 ZN28－12 真空断路器特性参数时使用的量具、工具	X

续表

鉴定范围						鉴定点		
一级		二级		三级		序号	名　称	重要程度
名称	鉴定比重（%）	名称	鉴定比重（%）	名称	鉴定比重（%）			
相关知识	81	工作前准备	25	工具、量具、仪器仪表	8	4	测试 ZN28—12 真空断路器特性参数时使用的设备	X
						5	验电笔的功能	X
						6	螺钉旋具使用要求	X
						7	钢丝钳和电工刀的使用要求	X
						8	高压验电器的应用	X
						9	垫高用具的使用要求	Y
						10	计量器具的选用及使用要求	X
						11	长度计量的基本概念	Y
						12	测量方法选择要求	Y
						13	测量工具选择要求	Y
						14	量具、量仪的使用要求	Y
						15	量具、量仪的保养	X
						16	温度对测量的影响	X
				材料选用	2	1	常用金属材料的分类	X
						2	建筑安装用电线的使用	Z
						3	工业用胶皮电缆的选择	Y
						4	绝缘漆的使用	X
						5	磁性材料的选择	X
						6	钢材热处理工艺的特点	X
				电气与机械识图	10	1	真空断路器机械装置装配图的读图	X
						2	ZN63A（VS1）真空断路器的传动单元组成	X
						3	ZN63A（VS1）真空断路器机构装置	X
						4	ZN63A（VS1）真空断路器链轮机构装置	X

续表

鉴定范围						鉴定点		
一级		二级		三级		序号	名　称	重要程度
名称	鉴定比重（%）	名称	鉴定比重（%）	名称	鉴定比重（%）			
相关知识	81	工作前准备	25	电气与机械识图	10	5	防跳继电器保护作用	X
						6	防跳继电保护装置断路器控制回路KTB电流线圈连接方式	X
						7	防跳继电保护装置断路器控制回路KTB电压线圈连接方式	X
						8	能发信号直流绝缘监视装置原理图中电压显示	X
						9	能发信号直流绝缘监视装置原理图中对地绝缘电阻	X
						10	能发信号直流绝缘监视装置原理桥臂平衡电阻	X
						11	能发信号直流绝缘监视装置原理绝缘监视部分组成	X
						12	CT8 型弹簧机构储能机构	X
						13	CT8 型弹簧机构行程开关原理	X
						14	手车式开关柜控制开关合闸操作	X
						15	手车式开关柜控制开关跳闸准备操作	X
						16	定时限过流保护原理	Y
						17	定时限过流保护动作	Y
						18	定时限过流保护动作启动条件	Z
						19	定时限过流保护断路器跳闸原因	Y
						20	定时限过流保护工作过程	Z
		装配与调试	54	装配	21	1	二次配线的配线要求	X
						2	不同回路的配线要求	X
						3	连接可动部分的配线要求	X
						4	多股铜绞线与电器元件接点的连接要求	X

续表

鉴定范围						鉴定点		
一级		二级		三级		序号	名　称	重要程度
名称	鉴定比重（%）	名称	鉴定比重（%）	名称	鉴定比重（%）			
相关知识	81	装配与调试	54	装配	21	5	导线符号板的要求	X
						6	导线线束工艺要求	X
						7	线束过金属孔、过门、转角等工艺要求	X
						8	带电体间（与金属骨架间）距离要求	X
						9	线束与裸线间的距离要求	X
						10	二次配线的焊接要求	X
						11	母线上连接二次线的要求	X
						12	常用强电触点材料	X
						13	螺钉紧固件的紧固要求	X
						14	接地点处理的工艺要求	Y
						15	正确使用“三防”产品	X
						16	二次回路有大截面导线时参数选择要求	X
						17	保护接地要求	X
						18	屏蔽线接线工艺要求	X
						19	电流及电压互感器二次线要求	X
						20	导线与电器元件一般连接要求	Y
						21	高低压电器装配工艺特点	X
						22	高低压电器装配精度知识	X
						23	尺寸链定义	Y
						24	组成环定义	Y
						25	尺寸链特征	Y
						26	装配尺寸链特征	X
						27	装配尺寸链分析	X

续表

鉴定范围						鉴定点		
一级		二级		三级		序号	名称	重要程度
名称	鉴定比重（%）	名称	鉴定比重（%）	名称	鉴定比重（%）			
相关知识	81	装配与调试	54	装配	21	28	查尺寸链要求	X
						29	计算尺寸链要求	X
						30	基本装配方法的分类	Y
						31	完全互换法装配要求	X
						32	修配法装配要求	X
						33	选择法装配要求	X
						34	调整法装配要求	X
						35	可动调整法装配要求	X
						36	固定调整法装配要求	X
						37	完全互换法特点	X
						38	修配法特点	X
						39	装配工艺规程概念	Y
						40	装配工艺规程内容要求	X
						41	高压开关设备的国家标准	Z
						42	高压电器国家标准	Z
				调试	23	1	ZN63A 型式试验	Y
						2	ZN63A 出厂试验	X
						3	断路器 ZN63A 触点开距测量	Y
						4	断路器 ZN63A 触点超行程	X
						5	断路器 ZN63A 触点相间中心距	X
						6	合闸触点弹跳时间	Y
						7	ZN63A 合、分闸时间	X
						8	ZN63A 平均合、分闸速度	X
						9	ZN63A 规定操作电压	X
						10	手动机械操作试验	X

续表

鉴定范围						鉴定点		
一级		二级		三级		序号	名　称	重要程度
名称	鉴定比重（%）	名称	鉴定比重（%）	名称	鉴定比重（%）			
						11	储能电动机操作	Y
						12	机械寿命试验要求	Y
						13	机械寿命试验操作电压要求	X
						14	载流部分发热试验标准	X
						15	操作机构发热试验标准	X
						16	断路器绝缘试验	X
						17	雷电冲击试验	Y
						18	操作机构线圈绝缘试验	Y
						19	断路器动、热稳定性试验标准	Y
						20	断路器额定短路开断电流试验	X
						21	断路器开断能力试验	X
						22	断路器开断次数试验	X
相关知识	81	装配与调试	54	调试	23	23	断路器开合电容器试验电流	X
						24	断路器结构检查	X
						25	DL－20C 电流继电器性能	X
						26	DZ－30 继电器动作电压	X
						27	CJ35－40 接触器绝缘电压	X
						28	DL－20C 继电器动作值	X
						29	DZ－30 继电器断开容量	X
						30	CJ35－40 接触器操作性能	X
						31	ZN63A 断路器关合电流	Y
						32	ZN63A 断路器短路电流指标	X
						33	ZND－40.5/2000－31.5 意义	X
						34	ZND－40.5/2000－31.5 性能	X
						35	相关调试设备结构性能	X

续表

鉴定范围						鉴定点		
一级		二级		三级		序号	名　称	重要程度
名称	鉴定比重（%）	名称	鉴定比重（%）	名称	鉴定比重（%）			
相关知识	81	装配与调试	54	调试	23	36	ZN63A 正常使用条件	X
						37	ZN63A 技术要求	Y
						38	高低压电器分类	Y
						39	高低压电器灭弧装置	Y
						40	误差种类	X
						41	测量误差产生的原因	Y
						42	电气测量主要物理量	X
						43	磁测量物理量	Y
						44	产生电气测量误差的原因	Y
						45	消除误差的方法	X
						46	局部放电特性	X
				测绘	7	1	零件草图绘制步骤	X
						2	对零件草图的审查校核	X
						3	电气工程图的分类	X
						4	电气原理接线图的作用	X
						5	画零件工作图的方法步骤	Y
						6	截交线的概念	Y
						7	相贯线的概念	Y
						8	二次曲线的概念	Y
						9	测绘步骤	X
						10	直线长度测量方法	X
						11	孔距测量方法	X
						12	测量曲线或曲面的方法	X
						13	电器制造工艺的特点	Z
						14	电器制造工艺的发展方向	Z

续表

鉴定范围						鉴定点		
一级		二级		三级		序号	名　称	重要程度
名称	鉴定比重（%）	名称	鉴定比重（%）	名称	鉴定比重（%）			
相关知识	81	装配与调试	54	新技术应用	3	1	计算机的组成	X
						2	计算机在企业中的应用	X
						3	计算机操作系统的功能	X
						4	DOS 操作系统的基本知识	Y
						5	Windows 2000 操作系统特点	X
						6	Windows 2000 的基本操作	X
						7	计算机网络基本知识	Y
						8	计算机辅助分析	X
						9	TCS－ERP 系统模块	Y
		培训与指导	2	指导操作	2	1	工程视图指导	Y
						2	装配的操作指导	X
						3	调试的操作指导	X
						4	量仪、量具和仪器仪表的指导	Z

第五部分

理论知识考试复习要点

高级高低压电器装配工 基本要求复习要点

一、职业道德基本知识

1. 职业道德的基本内涵

职业道德是指从事一定职业劳动的人们，在特定的工作和劳动中，以其内心信念和特殊社会手段来维系的，以善恶进行评价的心理意识、行为原则和行为规范的总和，它是人们在从事职业的过程中形成的一种内在的、非强制性的约束机制。职业道德有三方面的特征：一是范围上的有限性；二是内容上的稳定性和连续性；三是形式上的多样性。

2. 市场经济条件下，职业道德的功能

在市场经济条件下，职业道德具有促进人们的行为规范化、提高企业竞争力的作用。

3. 企业文化的功能

职业道德是企业文化的重要组成部分。企业文化贯穿于企业生产经营过程的始终，对于社会的进步、企业的发展和企业职工积极性、主动性和创造性的发挥都具有重要的功能和价值。企业文化的功能包括：自律功能、导向功能、整和功能、激励功能。

4. 职业道德对增强企业凝聚力、竞争力的作用

职业道德是增强企业凝聚力的手段，是协调职工同事关系的法宝，有利于协调职工与领导之间的关系，有利于协调职工与企业之间的关系。职业道德可以提高企业的竞争力。

5. 职业道德是事业成功的保证

职业道德是事业成功的重要保证，没有职业道德的人干不好任何工作；职业道德也是事业成功的重要条件，每一个成功的人往往都有较好的职业道德。

6. 文明礼貌的具体要求

文明礼貌是从业人员的基本素质，遵循文明礼貌的职业道德规范，必须做到仪表端庄、语言规范、举止得体、待人热情。

在职业交往活动中，仪表端庄的具体要求是：着装朴素大方，鞋袜搭配合理，饰品和化妆要适当，面部、头发和手指要整洁，站姿端正。

在职业交往活动中，职业用语的基本要求是：语感自然、语气亲切、语调柔和、语流适中、语言简练；要用尊称敬语；不用忌语，说好“三声”，即招呼声、询问声、道别声；讲究语言艺术。

在职业交往活动中，举止得体的具体要求是：态度恭敬、表情从容、行为适度、形象庄重。

在职业交往活动中，待人热情的具体要求是：微笑迎客、亲切友好、主动热情。

7. 爱岗敬业的具体要求

在市场经济条件下，爱岗敬业的具体要求是：树立职业理想、强化职业责任、提高职业技能。

8. 对诚实守信基本内涵的理解

诚实守信是维持市场经济秩序的基本法则，在市场经济条件下，可以通过诚

实、合法劳动来实现利益的最大化。

从业人员诚实守信的具体要求是：

一要忠诚所属企业：诚实劳动、关心企业发展、遵守合同和契约；

二要维护企业信誉：树立产品质量意识、重视服务质量、树立服务意识；

三要保守企业秘密。

9. 办事公道的具体要求

从业人员在进行职业活动时要做到坚持真理、公私分明、公平公正、光明磊落。

公平公正的具体要求是：按照原则办事、不徇私情、不怕各种权势、不计个人得失。

10. 勤劳节俭的现代意义

勤劳节俭是人生美德，其现代意义在于它是促进经济和社会发展的重要手段，有利于企业增产增效，有利于企业可持续发展。

11. 企业员工遵纪守法的要求

职业纪律是在特定的职业活动范围内从事某种职业的人们必须共同遵守的行为准则，它包括劳动纪律、组织纪律、财经纪律、群众纪律、保密纪律、宣传纪律、外事纪律等基本纪律要求以及各行各业的特殊纪律要求。它具有明确的规定性和一定的强制性的特点。

从业人员遵纪守法是职业活动正常进行的基本保证。任何单位要维持正常的生产秩序，就必须要求每个成员遵守劳动纪律，即在劳动过程中要求职工必须遵守的行为规范，如果企业员工违反职业纪律，企业应视情节轻重，做出恰当处分。

12. 团结互助的基本要求

遵循团结互助的职业道德规范，必须做到：平等待人、尊重同事、顾全大局、互相学习、加强协作。

平等尊重是指在社会生活和人们的职业活动中，不管彼此之间的社会地位、生活条件、工作性质有多大差别，都应一视同仁、平等相待、互相尊重、互相信任。它包括上下级之间平等尊重、同事之间平等尊重、师徒之间相互尊重和尊重服务对象。

13. 创新的道德要求

创新是指人们为了发展的需要，运用已知的信息，不断突破常规，发现或产生某种新颖、独特的有社会价值或个人价值的新事物、新思想的活动。创新是企业进步的灵魂。

开拓创新的重要性主要体现在两个方面：

（1）优质高效需要开拓创新

服务争优要求开拓创新；盈利增加仰仗开拓创新；效益看好需要开拓创新。

（2）事业发展依靠开拓创新

创新是事业快速、健康发展的巨大动力；创新是事业竞争取胜的最佳手段；创新是个人事业取得成功的关键因素。

如何开拓创新：一是要有创造意识和科学思维；二是要有坚定的信心和意志。

强化创造意识的内容是：创造意识要在竞争中培养；要敢于标新立异（其具体内容是：要有创新精神，要有敏锐的发现问题的能力，要有敢于提出问题的勇气），善于大胆设想。

二、电工基础知识

1. 电动势的定义

用外力把正电荷从 A 端移到 B 端所做的功 W_{AB} 与被移动的电荷 Q 的比值，称为 A、B 两端间的电动势，用 E 表示，即 $E_{AB}=W_{AB}/Q$。

2. 电功率的计算

电流在单位时间内所做的功称为电功率，用符号 P 表示，单位名称为瓦特或瓦（W）。

公式为：$P=UI=I^2R=U^2/R$

例：有一额定值为 5 W、500 Ω 的线绕电阻，使用时电压不超过 50 V。

例：有一 220 V、60 W 的电灯接在 220 V 的电源上，如果每晚用 3 h，30 天消耗的电能是 5.4 kW·h。

3. 欧姆定律的概念

欧姆定律是表示电压、电流和电阻三者关系的定律。通过电阻的电流与电阻两端所加的电压成正比，与电阻成反比，即：

$$I=U/R$$

4. 电阻的混联计算

电路中既有电阻串联又有电阻并联的连接方式称为电阻的混联。

对于电阻混联电路中总电阻值的计算，应先求出串联或并联部分的等效电路，逐步简化，求出总的等效电阻，计算出总电流，再求各部分的电压、电流等。

5. 磁感应强度的概念

描述磁场中各点磁场强弱和方向的物理量，通常称为磁感应强度或磁通密度，用符号 B 表示，单位名称为特斯拉或特（T）。

6. 磁力线的特点

磁力线是互不相交的连续不断的回线（即闭合路径）。磁力线在磁铁的外部是由北极到南极，在磁铁的内部是由南极到北极。

7. 楞次定律的概念

感应电流所产生的磁通，总是企图反抗原磁通的变化，即当原磁通增加时，感应电流所产生磁通方向和原磁通方向相反；当磁通减少时，感应电流所产生的磁通和原磁通的方向相同。

8. 互感的概念

由线圈 A 中电流变化引起磁通变化，其中的部分磁通穿过 B 线圈，因而在线圈 B 中产生了感应电动势，形成的感应电流使线圈 B 中的电流发生了变化，这种现象称为互感现象。同时，线圈 A 称为原线圈，线圈 B 称为二次线圈。

9. 交流电流有效值的计算

正弦交流电电流、电压、电动势有效值分别等于最大值 I_m、U_m、E_m 的 $\sqrt{2}/2$。

10. 三相正弦交流电源的概念

三相电源是由频率相同、振幅值相同、相位依次互差 120°的三个电动势组成，这三个电动势称为三相交流电动势，通常是由三相交流发电机产生的。把组成三相电路的每一单相电路称为一相，即称为 U 相、V 相和 W 相。

11. 交流负载的连接方式

三相负载可接成星形连接或三角形连接。负载做成星形连接时相电流等于线电流，负载两端承受的电压等于电源的相电压，是电源线电压的$\sqrt{3}/3$；负载作三角形连接时，负载两端承受的电压等于电源的线电压，相电流是线电流的$\sqrt{3}/3$。

12. 电子器件分类

电子器件种类很多，常见的包括电真空器件、半导体器件、传感元件等多类。

（1）电真空器件的分类

按工作原理和用途分为电子管、离子管、光电器件、电子束管和微波电子管五大类。

（2）半导体器件

包括：二极管、三极管、单结晶体管、晶闸管等。

1）半导体二极管分类：一般分为普通二极管和特殊二极管两类。常用的普通二极管有整流、检波、开关、稳压和恒流二极管。

2）三极管又称为双极型晶体管，是由两个背靠背的 PN 结组成。

3）单结晶体管是一种负阻器件，由发射极和两个基极组成，又称为双基极二极管。

4）晶闸管是一个由 PNPN 四层半导体构成的三端器件，其内部形成三个 PN 结，用 J1、J2 和 J3 表示。

13. 整流电路的区别

二极管整流电路分类：单相半波整流电路、单相半全波整流电路和单相桥式整流电路。不同类型整流电路适用于不同场合和要求，二极管承受的反向电压不同。

14. 低压电器的概念

常用低压电器是指工作在交流 1 000 V 及其以下与直流 1 500 V 及其以下的电路中，用来对电能的产生、输送、分配和使用，起到开关、控制、保护和调节作用的电器设备，以及利用电能来控制、保护和调节非电过程和非电装置的用电设备。按主要控制对象可分为低压配电电器和低压控制电器。

15. 低压电器的电磁机构

低压电器电磁机构主要由线圈、铁心和衔铁等部分组成。其结构形式有Ⅲ形电磁铁、螺管式电磁铁和拍合式电磁铁。

16. 低压电器的灭弧方式

常用灭弧方式有：电动力吹弧、磁吹灭弧、窄缝灭弧室、栅片灭弧和多断口灭弧。

17. 低压断路器的主要作用

低压断路器又称自动开关，当电路发生过载、短路以及失压等故障时，能够自动切断故障电路，有效地保护串接在其后面的电气设备，是一种重要的保护电器。

18. 低压电器试验项目

(1) 测量低压电器连同所连接电缆及二次回路的绝缘电阻。

(2) 电压线圈动作值校验。

(3) 低压电器动作情况检查。

(4) 低压电器采用的脱扣器的整定。

(5) 测量电阻器和变阻器的支流电阻。

(6) 测量低压电器连同所连接电缆及二次回路的交流耐压实验。

(7) 电气及机械寿命试验。

19. 避雷器的作用

保护电力系统及电气设备的绝缘免受瞬态过电压危害，限制续流的持续时间和幅值。

20. 高压电器试验项目

(1) 交流高压电器在长期工作时的发热试验。

(2) 高压电器绝缘试验。

(3) 高压开关设备机械试验。

(4) 交流高压电器动、热稳定试验。

(5) 高压电器的开断试验。

(6) 电气及机械寿命试验。

21. 常用电器元件和高低压开关设备型号及意义

产品型号只代表一种类型的系列产品，它不包括该系列产品的若干派生产品。产品全型号指在产品型号之后，附加类组代号与设计代号的组合表示产品的系列，类组代号的汉语拼音字母方案的首三位字母规定。例：SW2－35/1500－24.8 断路器，其中 S 表示少油断路器，W 表示户外使用，35 表示 35 kV，1 500 表示 1 500 A。

22. 电气文字符号的定义

电气文字符号和图形符号是装配工识图、装配和测试必备的基础知识和基本能力，必须结合工作实际掌握其用途和使用要求，熟记常用的电气文字符号、图形符号和电器设备基本文字符号。电气文字符号中，分单字母符号、双单字母符号、辅助文字符号和二次回路图中的文字符号。例：电气文字符号中，单字母符号是按拉丁字母将各种电气设备、装置和元件划分 23 大类，每大类用一专用单字母表示。如“C”表示电容器类，“R”表示电阻类。

23. 电气文字图形符号的识别

常用图形符号一般与文字符号结合使用。例：表示延时闭合的动合（常开）触头图形符号（与表示延时断开的动合（常开）触头图形符号）不同。

24. 二次回路的概念

电力系统中，二次回路在保证电力生产安全，并向用户提供合格的电能方面起着重要作用。二次回路一般包括：控制回路、继电保护回路、测量回路、信号回路、自动装置回路。按交直流来分，又分为：交流电压回路，交流电流回路和直流逻辑回路。

25. 母线的性能

母线分为铜母线、铝母线和钢母线，按其性能不同分别适用于不同场合。

母线又分为硬母线和软母线。硬母线截面有矩形、圆形、管形和槽形，一般用于户内配电装置中；软母线一般为多芯绞线，用于户外配电装置中。

母线一般按工作电流选择结构形式、导体截面和冷却方法；然后按电压选择绝缘子，并按短路电流校验动、热稳定，及对周围钢结构发热的影响。

铜母线具有较小的电阻，导电性能好，机械强度高，抗腐蚀性强。铝母线电阻比铜的大，导电性能次于铜，机械强度和抗腐蚀性比铜母线差。钢母线电阻最大，导电性能和抗腐蚀性能较差，但机械强度高，材料来源方便，价格更低廉。

26. 二次绝缘线的选用

二次绝缘线分为仪器仪表用导线、电子装置用导线和安装线，不同场合选用时有不同的要求。如：盘、柜内的配线，电流回路应采用电压不低于 500 V 的铜芯绝缘导线，其截面积不得小于 2.5 mm^2，其他回路截面积不应小于 1.5 mm^2。

27. 电磁线的概念

电磁线是具有绝缘层的导电金属导线，其作用是通过电流产生磁场，或切割磁力线产生电流，实现电能和磁能的相互转换。因电磁线可用以绕制电工产品的线圈或绕组，又称绕组线。分为漆包线、绕包线、无机绝缘电磁线和特种电磁线四种。

28. 电动工具的使用

电动工具的电气安全防护一般分为Ⅰ、Ⅱ、Ⅲ类。在狭窄场所，如锅炉、金属容器、管道内等，应使用Ⅲ类电动工具。如使用Ⅱ类电动工具，必须设置额定漏电动作电流不大于 15 mA，动作时间不大于 0.1 s 的漏电保护器。电动工具的使用必须严格符合相关要求。例：在狭窄场所如锅炉、金属容器、管道内等地施工，如使用Ⅱ类电动工具，必须设置额定漏电动作电流不大于 15 mA，动作时间不大于 0.1 s的漏电保护器。

29. 气动工具的主要故障

气动工具的动力源为压缩空气，为保证正常使用，工作气压应保证一定的数值，选择内径符合要求的胶管并保证接头牢固、密封。例：造成气动工具耗气量增大的原因之一是转子与前后盖间隙太大。

30. 绝缘距离

绝缘距离包括：电气间隙、爬电距离、对地距离、漏电起痕和爬电比距。

（1）电气间隙

电气间隙是指导电部件间的最短空气距离。

（2）爬电距离

爬电距离是指不同电位的两个导电部件之间沿绝缘材料表面的最短距离。与电器的额定绝缘电压或工作电压、污染等级和绝缘材料组别有关。

（3）对地距离

对地距离是指任何导电部件与任何接地的或可能要接地的静止和运动中的部件间的电气间隙。

（4）漏电起痕

漏电起痕是指固体绝缘材料的表面由于电场和电解液的共同作用而逐渐形成的导电通路的过程。

（5）爬电比距

爬电比距是指电力设备外绝缘的爬电距离与设备最高电压之比，单位为mm/kV。

例：高压一次设备在户内使用且额定电压为35 kV时，带电部分至接地部分的最小空气绝缘距离为300 mm。

三、钳工基础知识

1. 钻头刃磨要求

刃磨麻花钻时，所用砂轮的粒度一般为46～80，硬度为中软级（K、L）；刃磨时右手握住钻头的头部，作为定位的支点，使钻头绕其轴心线转动并施加适当的压力，左手握住钻头的柄部，做上下摆动；在刃磨过程中，适时检查钻头锋角的正确性和对称性，将钻头浸入切削液中冷却，刃口处磨削量要小，停留时间要短，防止切削部分过热退火；最后检查锋角的两条主切削刃长度和高度是否相等，外缘处和靠近钻心处的后角是否合适。

2. 钻孔方法

为保证钻头不偏离孔的中心，钻孔前应定位冲眼，使钻尖在相互垂直的两个方向上对准钻孔中心试钻浅孔；将要钻透时减少进给量；钻深孔时，要注意排屑；严格遵守“台钻安全使用常识”。

3. 扩孔方法

扩孔钻是对已有孔进行半精加工，切削速度约为钻孔的 1/2，进给量为钻孔的 1.5～2 倍，注意适当选用扩孔钻头。

4. 铰削速度的选择

要正确选择铰削余量、铰削速度和铰削进给量。

例：当用高速钢铰刀铰削加工铜件时，铰削速度应为 4～8 m/min。

5. 台钻的安全使用常识

使用台钻钻孔时，禁止戴手套操作，台钻防护罩应卡牢、夹紧，且装置应锁紧；钻孔时，禁止用手夹持工件，必须使用合适的工具；不得用纱布清除铁屑，不准用嘴吹或用手擦拭，应使用专用工具清除铁屑；工作时应把工件放正，用力要均匀以免钻头折断；钻床变速前要先停机。

6. 铆接方法

铆接方法分为手工铆接和气动铆接。手工铆接又分为半圆头铆钉的铆接方法和沉头铆钉的铆接方法。手工半圆头铆钉铆接方法：应将被铆工件彼此贴合→划线钻孔→在孔口倒角→清除毛刺、锈斑和钻孔时掉入铆钉孔内的金属屑等杂物→将铆钉插入孔内→用压紧头压紧板料→镦粗铆钉头伸出部分→初步铆打成形→用罩模修整。

7. 气动铆接工艺的要求

铆钉规格必须按要求使用；不要直对任何人操作工具；使用气压必须符合要求；定期对工具进行润滑；确保电动机罩上的排气孔不堵塞。

8. 外螺纹加工方法

外螺纹加工使用的工具是板牙。加工时，被加工圆杆端部要倒角 10°～15°，以便板牙容易对正工件和切入材料；用 V 形夹块或铜衬作衬垫夹紧；开始套螺纹时要施加一定压力；应经常倒转板牙，以清除切屑；在钢制工件上套螺纹时要加切削液。

四、机械识图知识

1. 装配图包含的内容

根据生产上的需要，装配图一般包括：一组视图、必要的尺寸、技术要求、零件的序号和明细表及标题栏。

2. 装配图尺寸标注

装配图上的尺寸只要求标注出装配、检验、安装和调试等有关的尺寸，一般有以下几种：特性尺寸、装配尺寸、外形尺寸、安装尺寸和其他重要尺寸。

高级高低压电器装配工相关知识复习要点

一、劳动保护与安全生产

1. 启动设备前应注意的事项

启动设备前，检查防护装置、紧固螺钉以及电、油、气等动力开关是否完好；空载试车后投入工作；操作时应遵守设备的安全操作规程。

2. 电动工具使用的注意事项

使用电动工具时，电动工具的电源线不可以任意接长或拆换，保证良好的绝缘性，同时检查电源是否完好无损，传动部位应加注润滑油，需定期检查与维修。使用手动工具与手持电动工具、风动工具时应遵守安全操作要求。

3. 人身安全注意事项

工作中应注意周围人员及自身的安全；防止因挥动工具、工具脱落、工件及铁屑飞溅造成的人身伤害。

4. 电气运行的全过程

电气运行的全过程包括发电、供电、输电、变配电、使用等。

5. 高空作业的注意事项

工具装在工具袋内；系好安全带并系在固定的结构件上；不穿硬底鞋、不准打闹、不准往上或往下抛物件和工具。

6. 工作完毕后清理现场的要求

将设备和工具的电、气、水、油源断开，清理工作场地后方可离去；清除铁屑必须用专用工具，禁止用手清或用嘴吹。

7. 风动工具使用的注意事项

使用风动工具时，保证气源完好无损，风动工具的传动部位应加注润滑油。

8. 管理职能

管理是为了保障职工的安全和健康，保证装置、设备安全运行、预防危险而采取的各种电气安全组织措施、技术措施，能够预测、控制或消除危险所进行的指导、推动、监督、协调、统筹的职能。管理与每个用电者，特别是电气操作人员的自身安全息息相关，因此，必须贯彻国家“安全第一，预防为主”的方针。

9. 电力设备的维修

电力设备的维修由专门部门负责，由专业人员进行，遵守有关的安全技术操作规程。

10. 电气设备检修规则

必须停电进行，停电后必须采取验电、放电、接地、遮护、警示等措施；高压电气作业、临近带电导线作业、登高作业和地下作业必须有人监护。

二、工具、量具、仪器仪表

1. 装配 ZN28－12 真空断路器真空灭弧室时使用的工具（见表 5—1）

表 5—1　装配 ZN28－12 真空断路器真空灭弧室使用工具

工　具	规　格
一字旋具	300 mm、500 mm
十字旋具	Ⅱ号、Ⅲ号、Ⅳ号
固定扳手	16 英寸、17 英寸、18 英寸、19 英寸（1 英寸＝2.54 cm）
电动扳手	
套筒扳手	
钢丝钳	
剥线钳	
尖嘴钳	
电工刀	
带插板电源线	
木锤、铁锤	1.5 磅（1 磅＝0.453 6 kg）

2. 装配 ZN28－12 真空断路器真空灭弧室时使用的量具（见表 5—2）

表 5—2　　装配 ZN28－12 真空断路器真空灭弧室时使用的量具

量　具	规　格
游标卡尺	0～125 mm
钢直尺	1 000 mm
高压试电笔	

3. 测试 ZN28－12 真空断路器特性参数时使用的量具、工具（见表 5—3，表 5—4）

表 5—3　　测试 ZN28－12 真空断路器特性参数量具

工　具	规　格
一字旋具	300 mm、500 mm
十字旋具	Ⅱ号、Ⅲ号、Ⅳ号
活动扳手	
钢丝钳	
剥线钳	
尖嘴钳	
电工刀	
带插板电源线	
木锤、铁锤	1.5 磅

表 5—4　　测试 ZN28－12 真空断路器特性参数工具

量　具	规　格
游标卡尺	0～125 mm
钢直尺	1 000 mm
高压试电笔	

4. 测试 ZN28－12 真空断路器特性参数时使用的设备

GKJ－Ⅵ型高压开关机械特性测试仪、GKTJ 型断路器机械特性测试仪、兆欧表、ZC8 接地电阻测量仪、电源测试车。

5. 验电笔的功能

验电笔是用来检查低压导体和电气设备外壳是否带电的工具。常用的有钢笔式和旋具式两种，测量电压范围在 60～500 V。使用验电笔时，用探头接触带电体，用手接触验电笔的金属体。

6. 螺钉旋具使用要求

螺钉旋具又称螺丝刀、起子、改锥等。按头部的形状分为一字螺钉旋具、十字螺钉旋具。一字螺钉旋具用柄部除外的刀体长度表示，常用的规格有 100 mm、150 mm、200 mm、300 mm 和 400 mm 五种。十字螺钉旋具用刀体长度和十字槽规格表示，规格参数不同，适用范围不同。

7. 钢丝钳和电工刀的使用要求

钢丝钳规格用全长表示，有 150 mm、175 mm、200 mm 三种。用来切断金属丝或夹持金属板。电工刀分普通和三用式两种。用于切削电线、电缆绝缘、绳索、木销和软金属。

8. 高压验电器的应用

高压验电器是用来检验高压电气设备、架空线路和电力电缆是否带电的工具。常用的高压验电器有 10 kV 及以下和 35 kV 两种。

9. 垫高用具的使用要求

垫高用具有垫高板、脚扣、电工用梯。垫高板是进行高空作业的工具。脚扣是攀登电杆的工具，电工用梯适用于户外和户内的登高作业。

10. 计量器具的选用及使用要求

计量装置是指为确定被测几何量的量值所必需的计量器具和辅助设备的总体，包括量具、量规和量仪等。

11. 长度计量的基本概念

长度计量器具分三类，其中标准计量器具保存和传递某一单位量值的基准；专用计量器具只能检测某种零件的一个或数个参数；万能计量器具一般都有刻度尺或显示度数装置。

12. 测量方法选择要求

测量方法要根据测量要求和具体条件来选择，常用的测量方法有单项测量法、综合测量法、主动测量法、被动测量法、接触测量法、不接触测量法、直接测量法、间接测量法、绝对测量法、相对测量法等。还包括测量工具和标准件的选择、测量的环境温度、被测件的安装、操作测量工具的人员等影响因素。

13. 测量工具选择要求

选择测量工具既要保证测量精度，又要考虑经济性、被测量值的大小和被测表面的性质及产品的产量。

14. 量具、量仪的使用要求

使用量具、量仪时，要注意坚决不使用不合格的量具、量仪；使用精密量具、量仪时不要用力过猛；被测件运动停止时才允许用量具、量仪去测量；某些量具、量仪使用时要经校零等。

15. 量具、量仪的保养

不要用油石、砂纸等硬的东西擦量具、量仪的测量面和刻线部分，量具、量仪应存放在清洁、干燥、无振动、无腐蚀的环境中，不要用手直接擦拭量具、量仪的测量面，量具、量仪不允许与其他工具混放在一起。使用完毕，应做好清洁工作，并松开紧固装置，在测量面上涂防锈油，放入木盒内，不要使两个测量面互相接触。

16. 温度对测量的影响

温度对尺寸测量的偏差影响；测量工具和被测物体的温度差，使测量结果不准；尽量使量具、量仪和被测物体的温度保持相同的温度。例：测量工具的温度与被测件的温度相差大时，测量结果不准确。

三、材料选用

1. 常用金属材料的分类

金属材料是生产和生活中使用最广泛的材料，种类很多，常用金属材料分为黑色金属、有色金属两大类。黑色金属包括生铁白口铁、灰铸铁及铁合金和钢（碳素钢、合金钢）。有色金属包括铜及铜合金、轻合金、轴承合金、易熔金属及其他合金等。

2. 建筑安装用电线的使用

建筑安装用橡皮布电线用于交流 300 V/500 V 以下电气设备及照明线路；塑料布电线用于交流 450 V/750 V 及以下电气设备及照明线路。

3. 工业用胶皮电缆的选择

农村配电线路和电气设备常用固定敷设用电缆，电动机械、电动工具的移动电源线常用移动式橡套电缆。

4. 绝缘漆的使用

绝缘漆的分类为：浸渍漆、覆盖漆、瓷漆和电缆浇注漆。浸渍漆主要用来浸渍电机、电器和变压器的线圈及绝缘零件，以填充其间隙和微孔，提高性能。覆盖漆和瓷漆用来涂覆经浸渍处理后的线圈和绝缘零件，在其表面形成连续而均匀的漆膜，作为绝缘保护层，以防止机械损伤和大气、润滑油和化学药品侵蚀。电缆浇注漆用来浇注电缆中间接线盒和终端盒。

5. 磁性材料的选择

磁性材料按其性能和用途分为软磁材料和永磁材料，软磁材料的特性是磁导率高、矫顽力低，永磁材料的特性是矫顽力高。永磁材料经饱和磁化后再去掉外磁场时，将储存一定的磁能能量，能在较长时间内保持较强的、稳定的磁性。

6. 钢材热处理工艺的特点

钢材热处理工艺包括正火、退火、回火和淬火。正火是将工件加热到一定温度，保持一段时间达到内部组织完全奥氏体化合均匀后，在自然流通空气中冷却，以获得珠光体组织；退火是将工件加热到一定温度，保持一段时间后，缓慢冷却的热处理工艺；回火是将淬火后工件重新加热到某一温度，保温一定时间，然后冷却；淬火是将工件加热到一定温度，经过适当保温后快冷，奥氏体组织转变为马氏体组织。

四、电气与机械识图

1. 真空断路器机械装置装配图的读图

以 ZN63A（VS1）真空断路器装配图为例，通过读图掌握真空断路器机械装置构成和机械装置装配流程（见图 5—1）。

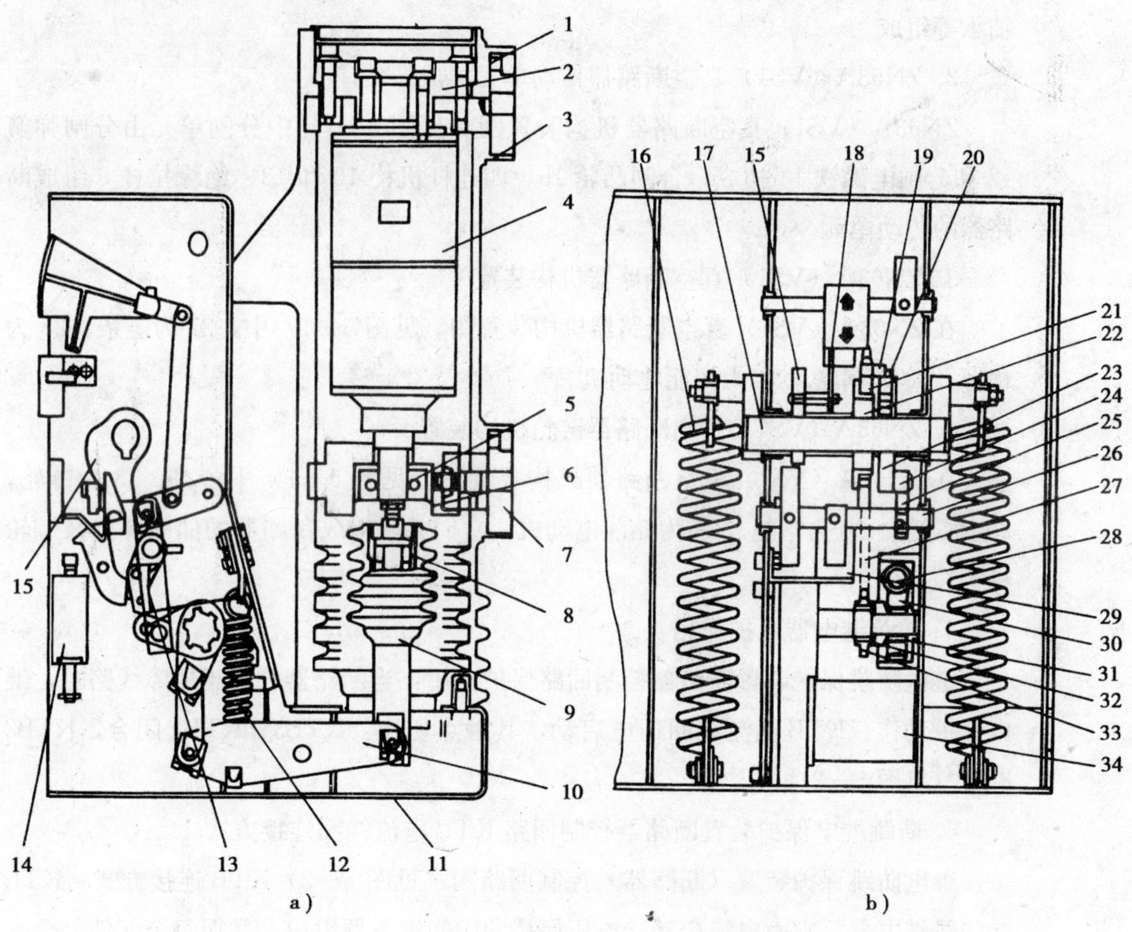

图 5—1　ZN63A（VS1）真空断路器机构装置图

a）分闸单元、传动单元　b）合闸单元

1—绝缘筒　2—上支架　3—上出线座　4—真空灭弧室　5—导电夹　6—下支架　7—下出线座　8—碟簧　9—绝缘拉杆　10、13—四连杆机构　11—断路器壳体　12—分闸弹簧　14—分闸电磁铁　15—合闸凸轮　16—合闸弹簧　17—储能轴　18—拨板　19、24—挡销　20—滑块　21、33—链轮　22—单列向心球轴承　23—轮　25—掣子　26—合闸轴　27—链条　28—蜗杆　29—合闸电磁铁　30—蜗轮　31、32—单向轴承　34—储能电动机断路器的传动单元组成由包括合闸凸轮、四连杆机构和绝缘拉杆等组成；机构装置由分闸单元、合闸单元、传动单元等组成；链轮机构装置由链轮、链条、轮、轴承等组成。

2. ZN63A（VS1）真空断路器传动单元组成

ZN63A（VS1）真空断路器机构装置图（见图 5—1）中分闸单元由分闸弹簧 12 和分闸电磁铁 14 构成，合闸凸轮 15、四连杆机构 10 和 13、绝缘拉杆 9 组成断路器的传动单元。

3. ZN63A（VS1）真空断路器机构装置

在 ZN63A（VS1）真空断路器机构装置图（见图 5—1）中，27 为链条、28 为蜗杆、30 为蜗轮、34 为储能电动机。

4. ZN63A（VS1）真空断路器链轮机构装置

在 ZN63A（VS1）真空断路器机构装置图（见图 5—1）中，21、33 为链轮，27 为链条、30 为蜗轮、34 为储能电动机，它们共同组成断路器的储能部分及链轮机构装置。

5. 防跳继电器保护作用

继电防跳保护装置断路器控制回路保护作用：当断路器合闸于故障线路时，继电保护动作。KTB 电流线圈通电启动，其触点切换：KTB3、KTB1 闭合，KTB2 断开（见图 5—2）。

6. 防跳继电保护装置断路器控制回路 KTB 电流线圈连接方式

继电防跳保护装置（断路器）控制回路图（见图 5—2）KTB 连接方式：KTB 是防跳继电器，它由电流启动、电压保持的中间继电器组成。掌握每个元件分合闸状态的保护原理、线圈连接方式和切换方式及作用等。

7. 防跳继电保护装置断路器控制回路 KTB 电压线圈连接方式

KTB 电压线圈的连接方式：继电防跳保护装置断路器控制回路如图 5—2 所示，当断路器合闸于故障线路时，继电保护动作。KTB 电流线圈通电启动，其触点切换为：KTB3、KTB1 闭合，KTB2 断开。KTB1 触点闭合，使 KTB 电压线圈通电，防跳继电器保持在启动状态。

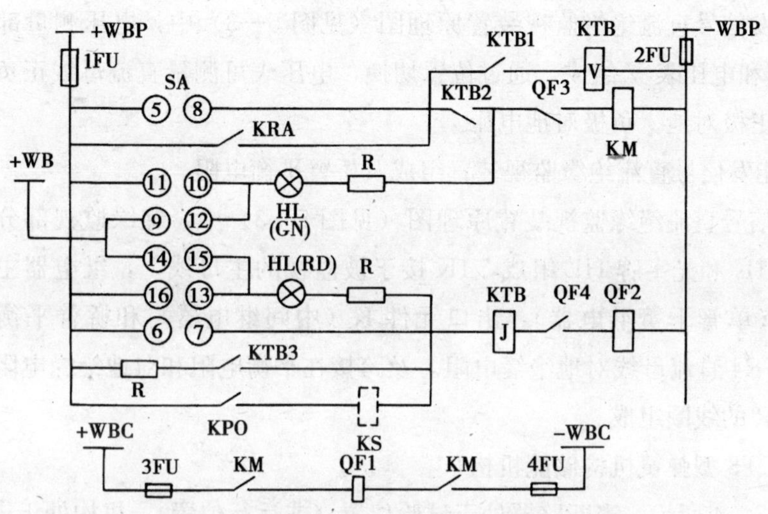

图 5—2　继电防跳保护装置断路器典型控制回路

8. 能发信号直流绝缘监视装置原理图中电压显示

能发信号直流绝缘监视装置原理图（见图 5—3）中电压显示、对地绝缘电阻、桥臂平衡电阻和主要由绝缘监视继电器 1K 和光字牌 HL 的组成等。

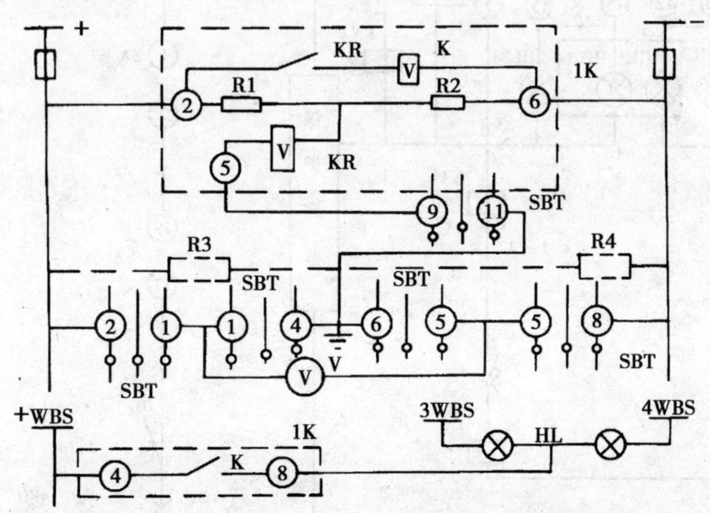

图 5—3　能发“信号”的直流绝缘监视装置

9. 能发信号直流绝缘监视装置对地绝缘电阻

在能发信号直流绝缘监视装置原理图（见图 5—3）中，电压测量部分由切换开关 SBT 和电压表 V 组成。通过位置切换，电压表可测量直流母线正负极间的电压，以及正极对地、负极对地电压。

10. 能发信号直流绝缘监视装置组成及桥臂平衡电阻

能发信号直流绝缘监视装置原理图（见图 5—3）中，绝缘监视部分由绝缘监视继电器 1K 和光字牌 HL 组成，1K 接于被监视的主母线上，继电器主要由灵敏元件 KR（单管干簧继电器），出口元件 K（中间继电器）和桥臂平衡电阻 R1、R2，R3、R4 直流母线对地绝缘电阻，及跨接在平衡电阻和对地绝缘电阻之间的灵敏原件 KR 的线圈组成。

11. CT8 型弹簧机构储能机构

如图 5—4 所示，当断路器处于试验位置（或运行位置），机构处于未储能状态

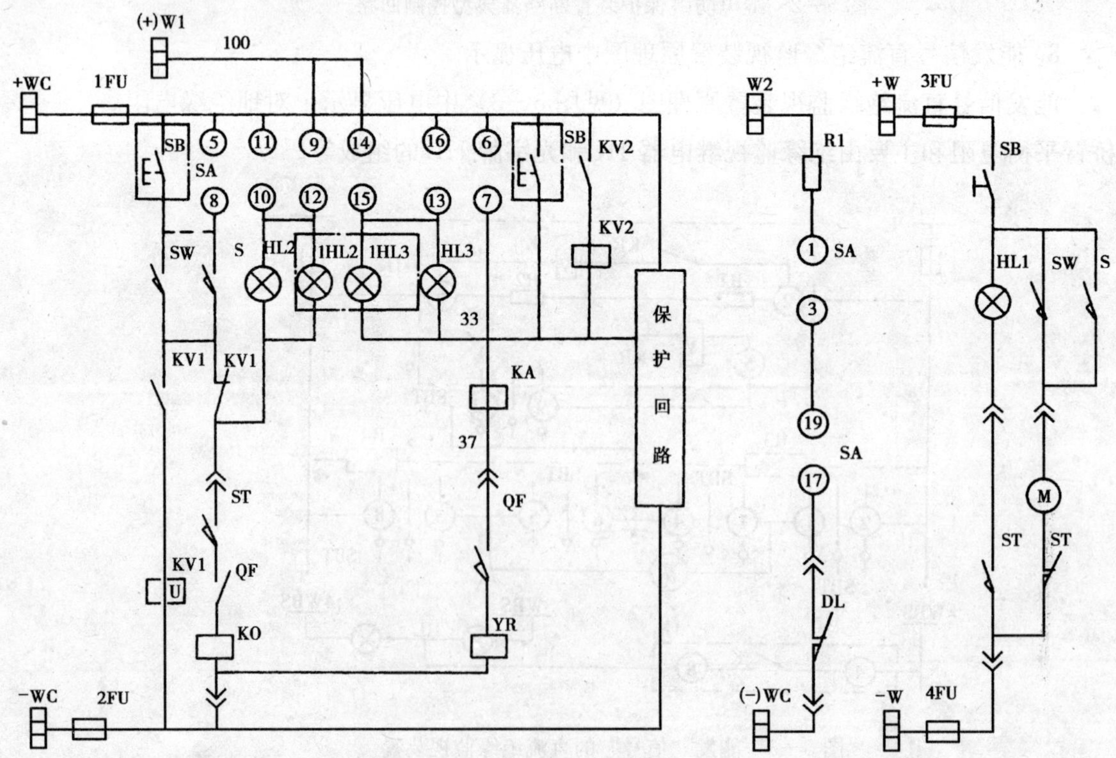

图 5—4　手车式开关柜配用 CT8 型弹簧机构断路器电气控制回路（直流操作）

时，断路器位置开关常开接点 SW（或 S）及行程开关 ST 常闭接点接通，这时一旦组合开关 SB 闭合，电动机 M 储能回路接通启动，合闸弹簧开始储能，储能完成以后，行程开关 ST 常闭接点打开，从而切断了电动机电源，使电动机停转，储能完毕。

12. CT8 型弹簧机构行程开关原理

合闸弹簧储能结束后，ST 行程开关常开接点被闭合，这里如果机构处于分闸位置，则其常闭辅助触点 QF 闭合。

13. 手车式开关柜控制开关合闸操作与跳闸准备操作

当需要合闸时，控制开关 SA 手把顺时针方向转动 90°至“预备合闸”位置。经检查操作对象无误后，把 SA 手把再按顺时针方向转动 45°至“合闸”位置，合闸线圈 KO 回路导通，使断路器合闸。

断路器合闸后，自动切换其辅助触点，常闭辅助触点 QF 打开，切断合闸回路，常开辅助触点 QF 闭合，为跳闸回路做好准备。

14. 常用继电保护装置保护原理

常用继电保护装置保护原理（见图 5—5）：当线路 d1 点发生短路时，流过线路的电流剧增，当电流达到电流继电器 1KA、2KA 的整定值时，继电器就动作，

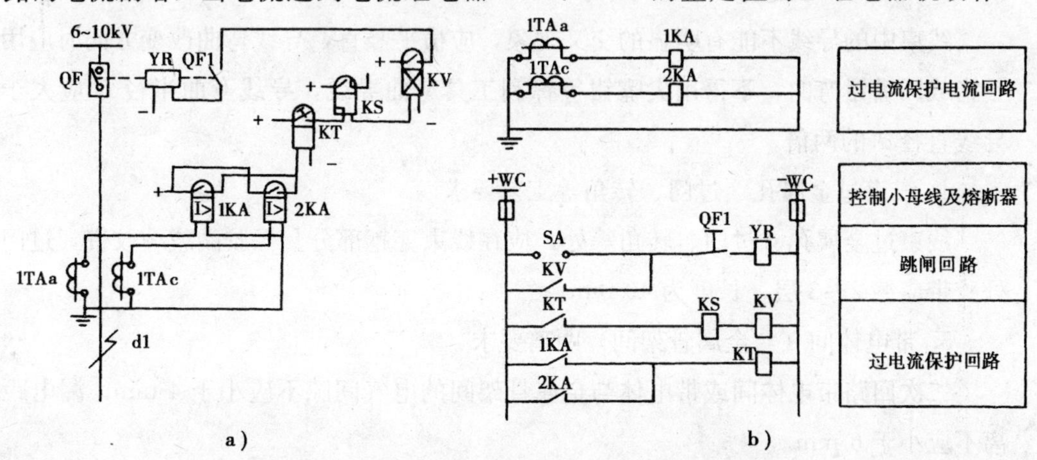

图 5—5　定时限过电流保护的动作原理和展开图

a）原理图　b）展开图

保护装置启动，这时过电流继电器的接点闭合，接通时间继电器 KT 的线圈，经过一般延时后，接通中间继电器 KV，其接点将断路器的跳闸线圈 YR 接通，于是断路器跳闸，将故障切除。

五、装配

1. 二次配线的配线要求

高低压电器二次配线要求是接线正确、整齐、清晰、美观，导线绝缘应无损伤，不同回路的配线要求不同。如电流回路采用电压不低于 500 V 的铜芯绝缘导线，其截面为 2.5 mm^2，其他回路截面为 1.5 mm^2；导线不应有接头，线芯应无损伤，允许专用接头进行过渡连接；导线内径应比接线螺钉直径大 0.5～1 mm；连接可动部分的导线采用多股铜绞线等。

2. 导线符号板的要求

所配导线两端应有导线符号板，导线符号板的编号应正确，发现错误时不得擅自涂改，应通知打字员重新打印；注意导线符号板的视读方向，在装配位置以开关板维护面为准，注意字的顺序；各导线符号板长度一致。

3. 导线线束工艺要求

线束中的导线不能有明显的交叉现象，应横平竖直，导线弯曲改变方向时应用手指或圆嘴钳弯曲，不得用尖嘴钳等锋利工具弯曲导线，导线弯曲半径 R 应大于导线直径 d 的两倍。

4. 线束过金属孔、过门、转角等工艺要求

线束过金属孔、过门、转角等处，应在线束穿越部分套橡胶圈或缠胶带，过门处胶带应缠 2～3 层，长度为 40 mm。

5. 带电体间（与金属骨架间）距离要求

二次回路带电体间或带电体与金属骨架间的电气间隙不应小于 4 mm，漏电距离不应小于 6 mm。

6. 线束与裸线间的距离要求

线束与裸线间有距离要求。如线束对一次带电体的距离为额定电压 0.5 kV

时，距离为 15 mm。

7. 二次配线的焊接要求

二次配线需要焊接时，应采用电烙铁、松香、焊锡进行焊接。接点采用焊接连接的元器件，应将二次线用电烙铁直接焊接。对于接点不能采用焊接连接的元器件，可用螺栓连接方式，并要在各连接点处套上 ϕ6 mm 的塑料管或绝缘护套。

8. 母线上连接二次线的要求

母线上连接二次线，先在母线上钻 ϕ6 mm 孔，用 M5 螺钉将二次线固定在母线上，导线线芯与母线之间不加平垫片，并且同一侧最多连接两根导线。对不使用的线头应该剪断后用胶带包扎起来，不要裸露在线束表面上。

9. 常用强电触点材料

常用的强电触点材料有铜、合金、铂族合金等。

10. 螺钉紧固件的紧固要求

所有螺钉紧固件必须加弹垫、平垫或弹垫、平垫、螺母后进行紧固，紧固后的螺钉应露出 2～5 圈螺纹。

11. 接地点处理的工艺要求

各接地点处不得有漆或锈斑，应将接地表面清理干净，涂一层凡士林后再接上接线头和紧固件。

12. 正确使用“三防”产品

装配“三防”产品时，要参考“湿热带型成套产品（TH）施工规范”。如正确使用“三防”件，包括导线、软连接及柜体标牌、线鼻子、冷压端头等附件，施工时戴“三防”手套或干净的线手套。

13. 二次回路有大截面导线时参数选择要求

以变压器的容量选择大线截面，接至电流互感器及第一个熔断器上，其后的熔断器均以其下相并联的各开关的脱扣值之和来作为本开关大线选择的参考电流。如二次回路有截面大于 4 mm^2 的导线时，导线选择按串联回路中电器元件（熔断器的熔丝和热元件除外）的最大额定电流选择导线截面。

14. 保护接地要求

所装配的元件有保护接地点时，应将接地点接一根截面 1.5 mm^2 黄绿相间的双色铜绞线，并将其接到柜体牢固的接地点处。

15. 屏蔽线接线工艺要求

由于屏蔽线的主要作用是防止外来信号的干扰，保证传递信号的纯真，所以通常选用屏蔽线作为二次连接线。屏蔽线按配线尺寸截断后，线芯两端按工艺守则中的有关要求执行。

16. 电流及电压互感器二次线要求

导线选择按串联回路中电器元件的最小额定电流选择导线截面。如电流及电压回路二次导线采用大于 4 mm^2 截面的导线时，互感器上的二次线采用多股铜绞线。

17. 导线与电器元件一般连接要求

导线与元器件接点时，线芯曲圆应符合顺时针方向；同一接点接两根硬线时，两硬线之间要加平垫片；当有两根导线时，一根硬线，一根软线，软线在下，硬线在上，其间可不加垫片。

18. 高低压电器装配工艺特点

根据产品的技术条件把电器产品的各种零件和部件，按照一定的程序和方式结合起来的工艺过程称为装配工艺。

19. 高低压电器装配精度知识

装配精度是保证电器产品性能的一个重要因素，而装配精度与零部件的精度有着密切的、内在的联系。零部件的每一个尺寸变化都会影响装配精度。

20. 尺寸链定义

零件的表面与表面间、中心线与中心线间、或者零件与零件之间相互距离或偏转位置封闭形式的尺寸组合，构成尺寸链。

零件在加工最后得到的尺寸或部件在装配过程中最后得到的尺寸称为封闭环，在加工过程中直接影响封闭环精度的各尺寸，称为组成环。

21. 尺寸链特征

尺寸链的主要特征是尺寸连接的封闭性，所有互相独立尺寸的偏差都将直接影响某一尺寸的精度。

22. 装配尺寸链特征

各尺寸链连接成封闭形式，其中每一尺寸均受其他尺寸的影响。

23. 装配尺寸链分析

分析尺寸链的基本任务是：根据装配图查明影响装配精度和电磁性能的有关零件尺寸，计算出这些尺寸的公差，以保证电器的装配精度和物理性能。

24. 查尺寸链要求

在查尺寸链的顺序时应首先明确封闭环，它是有关零部件装配过程中最后形成的环节。

25. 计算尺寸链要求

根据构造上或工艺上的要求，确定构成尺寸链各环的公称尺寸和公差（偏差），叫做正计算；在检查和验算图样上注明的各组成环的公差时使用，根据封闭环的公称尺寸及偏差来计算各组成环的公称尺寸和公差，叫做反计算，在设计时必须使用。

26. 基本装配方法的分类

常用装配方式有四种，即完全互换法装配、修配法装配、选择法装配、调整法装配。

27. 完全互换法装配要求及特点

整机中的各个零件不需要经过任何选择、修配和调整，装配后就能达到规定的装配技术条件，称为完全互换法装配。完全互换法装配特点是：对零件的加工精度要求较高，适用于生产中装配精度要求高，尺寸链环数少的装配。

28. 修配法装配要求

在加工时尺寸链中各组成环均按零件结构和生产条件下经济可行的公差进行加工，在装配时，修配尺寸链中某一组成环的尺寸，以保证封闭环所需要的精度要求。修配法装配的特点是扩大了零件的制造公差，而仍能保证较高的装配精度，适用于单件或小批生产。

29. 选择法装配要求及特点

选择法装配是将尺寸链中组成环公差放大到经济可行的程度，装配时必须选择合适的零件进行装配，以保证规定的装配技术要求。特点是可以扩大组成零件的加工公差，在保持零件原加工精度的情况下提高了装配精度。

30. 调整法装配要求

调整法装配是对尺寸链各组成环规定了经济可行的公差，即在装配时规定了平均经济精度。调整法装配分为固定调整法和可动调整法。固定调整法装配是在装配尺寸链中，选定一个或几个零件作为调整环，根据封闭环的精度和电气性能要求来确定它们的尺寸，以保证封闭环的精度要求；可动调整法装配是在装配尺寸链中，选定一个或几个零件作为调整环，根据封闭环的精度和电气性能要求，改变调整环的位置，以保证封闭环的精度和电气性能要求。

31. 装配工艺规程概念

装配工艺规程是指导整个装配工作顺利进行的技术文件。装配工艺规程内容包括根据装配图分析尺寸链、根据生产规模合理划分装配单元、确定装配方法、安排装配顺序、划分装配工序、编制装配工艺流程图、工艺程序卡片等。

32. 高压开关设备的国家标准

有关高压开关设备的国家标准包括 GB 3906—1991《3～35 kV 交流金属封闭开关设备》；GB/T 11022—1999《高压开关设备和控制设备标准的共同技术要求》等。

33. 高压电器国家标准

有关高压电器的国家标准包括 GB 1984—1989《交流高压断路器》和 JB 3855—1996《3.6～40.5 kV 户内交流高压真空断路器》等。

六、调试

1. ZN63A 型式试验

ZN63A（VS1）断路器的型式试验项目有：机械特性试验、机械操作试验、机械寿命试验、主回路电阻测量、绝缘试验、动热稳定性试验、额定短路开断电流试验、开断次数试验、长期工作时的发热试验、额定短路开断电流试验、开断与关合能力试验、异相接地故障开断试验、失步关合与开断试验、开合电容器组试验。

2. ZN63A 出厂试验

ZN63A 出厂试验包括五项：结构检查、机械特性试验、机械操作试验、主回路电阻测量、绝缘试验。

3. 断路器 ZN63A 触点参数测量

断路器触点参数测量单位为 mm。如 ZN63A（VS1）断路器触头开距为（11±1）mm，触点超行程为（3±0.5）mm，触点相间中心距为（210±0.5）mm。

4. 断路器 ZN63A 合、分闸参数测量

在额定电压下，测量分闸时间、三相分闸不同期性、平均分闸速度、平均合闸速度、合闸时间、合闸触点弹跳时间；再在 GB/T 11022—1992 规定的最高和最低操作电压下测量分闸时间、合闸时间、合闸触点弹跳时间、平均分闸速度、平均合闸速度。如 ZN63A（VS1）合闸触点弹跳时间为≤2 ms、ZN63A（VS1）三相分闸不同期性≤2 ms、ZN63A（VS1）断路器操作电压为最高值时分闸时间为 40^{+10}_{-15} ms、ZN63A（VS1）断路器操作电压为额定值时分闸时间为 40^{+10}_{-15} ms、ZN63A（VS1）断路器操作电压为最低值时分闸时间为 50^{+10}_{-15} ms、ZN63A（VS1）断路器合闸时间为 55^{+10}_{-15} ms、ZN63A（VS1）断路器平均分闸速度为（1.1±0.2）m/s、ZN63A（VS1）断路器平均合闸速度为（0.6±0.2）m/s 等。

5. ZN63A（VS1）参数

如 ZN63A（VS1）-12/1250-31.5 真空断路器额定短路开断电流为 31.5 kA、额定短路关合电流峰值为 100 kA、额定动稳定电流峰值为 100 kA、额定热稳定电流有效值为 31.5 kA。短路关合电流峰值为 100 kA。

6. ZN63A 规定操作电压

ZN63A（VS1）断路器在规定的操作电压下，连续正确、可靠分、合闸各 50 次。操作程序为在最低操作电压下分、合闸各 5 次—在最低操作电压下分、合闸各 5 次—在额定操作电压下，进行“分闸—0.3 s—合闸—分闸”操作 5 次—其余分、合闸操作次数在额定操作电压下进行。

7. 手动机械试验要求

ZN63A 操作电压按 GB/T 11022—1999 的规定，操作顺序、次数和实验方法：

ZN63A（VS1）断路器在进行机械操作试验时应以30%额定操作电压连续分闸操作3次，断路器不得分闸；手动合、分闸各3次，断路器应动作正常。

8. 储能电动机操作

对储能电动机分别施以85%和110%额定电压，在断路器合闸状态下各进行5次储能操作，储能应正常。

9. 机械寿命试验要求

机械寿命试验分别按GB/T 11022—1999、GB 1984—1989、GB 3309—1989和JB 3855—1996的规定进行，操作顺序、次数和实验方法在教程及“表2—7 每一试验循环中的操作顺序及次数”中有规定。机械寿命试验的每一试验循环进行分、合闸4 000次，共5个循环20 000次。每一试验循环中除润滑外，不得对产品进行任何机械调整。如ZN63A（VS1）断路器在进行机械寿命试验时，操作电压为最高值时，合闸—15 s—分闸—15 s，操作1 000次，操作电压为额定值时，合闸—15 s—分闸—15 s，操作1 000次，操作电压为最低值时，合闸—15 s—分闸—15 s，操作1 000次，合闸—0.3 s—合、分闸15 s—合闸1 000次。

10. 载流部分发热试验标准

断路器载流部分发热试验方法和要求按GB/T 11022—1999标准规定进行。

11. 操作机构发热试验标准

操作机构发热试验方法和要求按GB/T 11022—1999标准规定进行，真空灭弧室载流部分温升不作规定。

12. 断路器绝缘试验

断路器绝缘试验按GB/T 11022—1999、GB 311.1—1997、GB 16927.2—1999标准规定进行。ZN63A（VS1）断路器在进行绝缘试验时，在额定短路开断电流开断次数试验前、后。

13. 雷电冲击试验

其相间、对地应耐受42 kV工频试验电压1 min和75 kV正、负极性全波雷电冲击试验电压。

14. 操作机构线圈绝缘试验

操作机构线圈绝缘试验应能耐受 GB 1984—1989 规定的工频试验电压。

15. 断路器动、热稳定性试验标准

动、热稳定性试验标准应按 GB/T 11022—1999 进行。断路器动、热稳定试验中，4 s 热稳定电流试验在 25 kA 下进行，额定动稳定电流在 63 kA（峰值）下进行。

16. 断路器额定短路开断电流试验

额定短路开断电流试验按 GB 1984—1989 规定进行基本的短路试验，共包括 5 种试验方式。前 3 种分别以 10%、30%、60%额定短路开断电流进行试验，操作顺序按“分闸—0.3 s—合闸”“分闸—180 s—合、分闸”各进行一次，其中 60%额定短路开断电流按 31.5 kA 进行。第 4 种试验方式是以 100%额定短路开断电流进行试验，按操作顺序分闸—0.3 s—合、分闸—180 s—合、分闸进行。第 5 种试验方式是以 100%额定短路开断电流进行试验，按操作顺序分闸—0.3 s—合、分闸—180 s—合、分闸进行。

17. 断路器开断次数试验

开断次数试验按操作顺序“分闸—0.3 s—合、分闸—180 s—合、分闸”1 次，单分闸 13 次，合、分闸 11 次，最后进行“分闸—0.3 s—合、分闸—180 s—合、分闸”1 次。

18. 断路器开合电容器试验电流

开合电容器试验电流按 GB/T 7675—1987 进行；额定单个电容组开断试验，开断电流 630 A；额定背对背电容组开断试验，开断电流 400 A。

19. 断路器结构检查

断路器结构检查为产品零部件装配调整后，应符合按规定程序批准的图样和文件要求。

20. DL－20C 电流继电器性能

包括线圈连接、电流值动作时间、触电断开容量等。如 DL－20C 系列电流继电器动作电流为 0.012 5～200 A；额定电流为 0.08～30 A；电流整定范围 0.012 5～200 A，在 1.1 倍电流整定时，动作时间不大于 0.12 s，在 2 倍电流整定时，动作时间不大于 0.04 s 等。

21. DZ—30B 继电器动作电压

DZ—30B 继电器动作电压不大于额定电压的 70%，不小于额定电压的 30%。其中间继电器在电压不超过 220 V，电流不大于 1 A 的直流有感负荷电路中，触点断开容量为 50 W。在电压 220 V 以下的交流电路中，触点断开容量 250 VA。

22. CJ35—40 接触器绝缘电压

CJ35—40 接触器绝缘电压为 660 V；AC—3 使用类别下工作电流为 40 A（380 V）；AC—3 使用类别下控制电动机功率为 18.5 kW（380 V）；操作频率为 600 次/h；电寿命 60 万次；机械寿命 800 万次；线圈工作功率 10 W。

23. ZND—40.5/2000—31.5 意义

ZND—40.5/2000—31.5 断路器额定电压为 40.5 kV、额定电流为 2 000 A、额定短路开断电流为 31.5 kA、额定短路关合电流峰值为 80 kA、峰值耐受电流为 80 kA、耐受电流有效值为 31.5 kA 等。

24. 相关调试设备的结构性能

包括回路电阻测量仪结构和工作原理、机械试验操作测试台结构组成及其主要功能、局部放电测量仪的结构和工作原理等。如回路电阻测量仪的结构是由产生直流电流 50 A 的电流源，直流电流测量显示系统，直流电压测量显示系统，电压、电流相比值的显示装置组成；机械试验操作测试台的结构是由光线示波器、可控硅电路、定时电路和电源等部分组成；局部放电测量仪的结构是由输入单元、放大单元、显示单元、输出单元等部分组成。

25. ZN63A 正常使用条件及技术要求

正常使用条件包括：环境温度、环境湿度、海拔高度、地震烈度、使用场所要求；技术要求包括：断路器真空灭弧室配用规定、断路器零部件制造与装配规定、断路器装配后达到的要求、辅助回路应满足的性能要求、动力操作、储能操作及铭牌等。如 ZN63A（VS1）断路器真空灭弧室内部气体压力应低于 1.33×10^{-3} Pa，ZN63A（V.S1）断路器额定触点压力下的回路电阻不大于 25 $\mu\Omega$，辅助回路 1 min 工频耐受电压值为 2 kV；辅助开关触点数为 10 对，正常使用时日平均相对湿度应小于等于 90%，正常使用时海拔高度不超过 1 000 m，正常使用时最高环境温度要求为 40℃等。

26. 高低压电器分类

高低压电器一般分为高压开关电器、低压开关电器、成套电器和自动化装置及自动电磁元件等。高压开关电器包括高压断路器、隔离开关、避雷器、高压接触器、高压熔断器、电抗器、电压互感器、电流互感器等；低压开关电器包括低压接触器、低压断路器、启动器、熔断器、继电器等。电器内部结构一般由感测和执行两大基本部分组成。

27. 高低压电器灭弧装置

低压电器中常采用的灭弧装置有：简单开断、引弧角和磁吹线圈、纵缝灭弧装置、绝缘栅片灭弧装置、金属栅片灭弧装置、固体产气灭弧装置、石英砂灭弧装置等。高压电器中常采用的灭弧装置有：变压器油灭弧装置、真空灭弧装置、SF6 灭弧装置、压缩空气灭弧装置、固体产气灭弧装置、石英砂灭弧装置、磁吹灭弧装置。

28. 误差种类

误差分为：系统误差、随机误差和粗大误差。

29. 测量误差产生的原因

测量误差产生的原因有：基础件误差、测量方法误差、计量器具误差和环境条件引起的误差 4 种。

30. 电气测量主要物理量

电气测量又称电磁测量。其中电测量的物理量包括电流、电压、功率、频率、电感、电容、电阻、电能、相位、时间常数和介质损耗角等；磁测量的物理量包括磁场强度、磁通、磁感应强度、磁势、磁导率、磁滞和涡流损耗等。

31. 产生电气测量误差的原因

包括仪表本身不够准确、测量方法不够完善、测量操作者经验不足或感觉器官不灵敏等。

32. 消除误差的方法

消除系统误差的方法包括比较法、正负误差补偿法，并利用校正值求出被测量的真值；消除偶然误差的方法是对被测量进行多次重复用测量，用多次测量值的算术平均值表示被测量的真值；消除疏忽误差的方法是将包含疏忽误差的数据舍弃不用。

33. 局部放电特性

局部放电特性是指由于电气设备绝缘内部存在的气隙、杂质等缺陷，或不同介质的接触面处，在一定的外施电压下发生的局部和重复的击穿放电与熄灭现象。

局部放电的特点有局部性、重复性和微弱性。

七、测绘

1. 零件草图绘制步骤

零件草图绘制步骤为：在图纸上定出各个视图的位置，画出各视图的基准线、中心线→详细画出零件外部和内部的结构形状→注出零件各表面粗糙度符号，选择基准和画尺寸线、尺寸界线及箭头，经过仔细校核后，将全部轮廓描深，画出剖面线（也可以使用计算机制图）→测量尺寸，定出技术要求，并将尺寸数字、技术要求标注在图中。

2. 对零件草图的审查校核

对零件草图的审查校核主要内容为表达方案是否完整、清晰和简便，零件上的结构形状是否有损坏、瑕疵；尺寸标注是否完整、合理、清晰，技术要求是否满足零件的性能要求等。

3. 电气工程图的分类

电气工程图分为电气系统图、电气主接线图、电气原理图、电气展开图、电气安装图和一次接线图、二次接线图等。电气系统图又称为电气主接线图（一次接线图），是指各种开关电器、电力变压器、母线、电力电缆等电气设备依一定次序相连接的接受和分配电能的电路。电气主接线图常画成单线图的形式。电气主接线图的基本设计要求是可靠性、灵活性、安全性和经济性等。根据实际需要选择不同的施工图。

4. 电气原理接线图的作用

电气原理接线图是表现某一具体设备或系统的电气工作原理的图样，用以指导具体设备与系统的安装、接线、调试、使用与维护。

5. 画零件工作图的方法步骤

根据零件的复杂程度选择比例→根据表达方案、比例，留出尺寸标注、技术要求的位置，选择图幅→画底稿（各视图的基准线、中心线，尺寸标注、技术要求，填写标题栏）→校核→描深→审核。

6. 截交线的概念

平面与曲面相交时，形成的平面称为截平面，截平面与曲面的交线为平面曲线，称为截交线。截交线由既属于截平面，又属于曲面的共有点集合而成。

7. 相贯线的概念

曲面与曲面的交线称为相贯线。相贯线是两曲面的共有线，又是两曲面的分界线。相贯线一般为封闭的空间曲线，有时也可不封闭。

8. 二次曲线的概念

两二次回转曲面相交，且有公共对称平面，当其相贯线为空间曲线时，它在此公共对称平面上的投影为二次曲线。

9. 测绘步骤

测绘是一件复杂而细致的工作，其主要工作是分析机件的结构形状，画出图形；准确测量，标注尺寸；合理制定技术要求等。

10. 直线长度测量方法

直线长度测量一般可用直尺或游标卡尺直接量得。如零件上直线长度包括长、宽、高三个方向的直线尺寸，以及倾斜方向上的两点距离等，可直接用钢直尺测量。

11. 孔距测量方法

孔距测量可用游标卡尺、卡钳或钢直尺。如在进行孔距测量时，当两孔直径相同时，可用钢直尺通过连心线，在两孔圆周的对应点间直接测量出孔距尺寸。

12. 测量曲线或曲面的方法

测量曲线或曲面用专门量仪或拓印法、铅线法、坐标法。

13. 电器制造工艺的特点

一般电器的主体结构为金属材料制成的机械结构，完成支承、传动等机械功能。电器制造工艺的特点表明大多数电器零件的加工方法主要采用切削加工、压力加工等金属加工工艺。

14. 电器制造工艺的发展方向

电器制造工艺的发展方向体现在产品设计结构方面，其工艺性采用少切削或无切削加工；结构零件向冲压化、塑料化和装配自动化方向发展。

八、新技术应用

1. 计算机的组成

计算机由输入设备、输出设备、存储器、运算器和控制器五部分组成。

2. 计算机在企业中的应用

计算机在企业中主要用于数值计算、数据处理和信息加工、自动控制与操作、CAD/CAM、计算机辅助测试、生产设备管理等。

3. 计算机操作系统的功能

操作系统是管理和控制计算机系统软、硬件和资源的大型程序，是用户和计算机之间的接口，并提供了软件开发和应用的环境。

4. DOS 操作系统的基本知识

DOS 操作系统是单用户、单任务操作系统；是基于字符界面的操作系统；DOS 操作系统是为 16 位机开发的系统。DOS 操作系统是基于字符界面的操作系统，DOS 命令和功能分为外部命令和内部命令，并利用键盘输入，屏幕显示的是字符，使用不方便。

5. Windows 2000 操作系统特点

Windows 工作环境实现了从字符界面到图形、窗口界面的转换，因此用户使用计算机更加简单、方便。

6. Windows 2000 的基本操作

Windows 2000 的基本操作通过界面实现人机对话；通过鼠标、键盘、窗口、菜单、图标的使用，了解 Windows 2000 界面中菜单栏中的各项指令操作。

7. 计算机网络基本知识

把分布在不同地理区域的计算机与专门的外部设备用通信线路互联成一个规模大、功能强的网络系统，从而使众多的计算机可以方便地互相传递信息，共享信息资源。计算机局域网是将小区域内的各种通信设备互相连接在一起所形成的网络。

8. 计算机辅助分析

计算机辅助分析是通过计算机完成对零件特征的分析与零件在装配过程中的分析，基本上不消耗实际物资和能量，也不产生实际产品，而是产品的设计开发及生产过程在计算机上的一种本质实现。计算机辅助分析与实际制造相比，具有信息集成度高、敏捷灵活性更高、分布合作和可视性强、修改方便的特点。

9. TCS－ERP 系统模块

TCS－ERP 系统模块包括 17 个子项，其中基础数据管理、销售管理、宏观生产计划、生产计划、采购计划、仓库管理、配套及缺件分析、质量管理、固定资产及设备管理、劳动力资源管理、成本核算、综合信息查询、网上综合信息查询和驻外销售分公司管理及其他内容属于其中的子项。TCS－ERP 系统模块可与工厂现有的其他系统（CAD/CAPP/PDM/财务）间实现集成。

九、指导操作

1. 工程视图指导

（1）工程视图内容

5 个基本视图：主视图、左视图、右视图、全剖视图、俯视图。

（2）主视图、左视图、右视图、全剖视图、俯视图分析

包括：基本视图画法，零部件的连接。

（3）运动组件分析

2. 装配的操作指导

（1）电器装配工常用的设备

（2）钻床在装配中的用途

（3）机床操作人员的上岗要求

（4）操作前设备检查内容

（5）机床速度调整要求

（6）机床运行注意事项

（7）摇臂钻操作要求

（8）机床维护和保养

（9）传动装置作用

（10）常用高低压电器元件的性能、型号和检验

（11）高低压电器装配工艺要求

（12）配线、线缆装配

（13）使用量具、量仪进行基本测量

（14）工装卡具、夹具的使用

3．调试的操作指导

（1）分配阀调试操作

（2）电动机可逆运转的控制线路调试操作

（3）ZN28－12（Ⅵ型）真空断路器调试操作

4．量仪、量具和仪器仪表的指导

（1）量仪的种类

（2）万能计量器具的分类

（3）常用的测量方法

（4）量具、量仪的保养

第六部分

理论知识试题精选

高级高低压电器装配工 理论知识试题精选

◉ **单项选择题（第 1 题～第 112 题。选择一个正确的答案，将相应的字母填入题内的括号中。）**

1. 在市场经济条件下，职业道德具有（　　）的社会功能。

A. 鼓励人们自由选择职业　　B. 遏制牟利最大化

C. 促进人们的行为规范化　　D. 最大限度地克服人们受利益驱动

2. 为了促进企业的规范化发展，需要发挥企业文化的（　　）功能。

A. 娱乐　　B. 主导

C. 决策　　D. 自律

3. 在职业交往活动中，符合仪表端庄具体要求的是（　　）。

A. 着装华贵　　B. 鞋袜等搭配合理

C. 饰品俏丽　　D. 发型要突出个性

4. 爱岗敬业作为职业道德的重要内容，是指员工（　　）。

A. 热爱自己喜欢的岗位　　B. 热爱有钱的岗位

C. 强化职业责任　　D. 不应多转行

5. 市场经济条件下，（　　）不违反职业道德规范中关于诚实守信的要求。

A. 通过诚实合法劳动，实现利益最大化

B. 打进对手内部，增强竞争优势

C. 根据服务对象来决定是否遵守承诺

D. 凡有利于增大企业利益的行为就做

6. 下列关于勤劳节俭的论述中，正确的选项是（　　）。

A. 勤劳是人生致富的充分条件　　B. 节俭是企业持续发展的必要条件

C. 勤劳不如巧干　　D. 节俭不如创造

7. 用外力把正电荷从 A 端移到 B 端所做的（　　）与被移动的电荷的比值，称为 A. B 两端间的电动势。

A. 功　　B. 电位能

C. 电压　　D. 功率

8. 两个 8 kΩ 电阻并联，其等效电阻为（　　）。

A. 2 kΩ　　B. 4 kΩ

C. 3 kΩ　　D. 8 kΩ

9. （　　）表示通过电阻的电流与电阻两端所加的电压成正比，与电阻成反比。

A. 基尔霍夫电流定律　　B. 基尔霍夫电压定律

C. 欧姆定律　　D. 楞次定律

10. 正弦交流电压最大值 U_m 为有效值 U 的（　　）倍。

A. 2　　B. 1/2

C. $\sqrt{2}/2$　　D. $\sqrt{2}$

11. 三相对称交流电源是由频率相同、振幅相同、相位依次互差（　　）的三个电动势组成。

A. 120°　　B. 180°

C. 270°　　　　　　　　D. 90°

12. 交流负载作三角形连接时，线电压等于相电压（　　）倍。

A. 3　　　　　　　　B. $\sqrt{3}$

C. 1/3　　　　　　　　D. 1

13. 低压电器是指工作在（　　）的电路中，用来对电能的产生、输送、分配和使用，起到开关、控制、保护和调节作用的电气设备，以及利用电能来控制、保护和调节非电过程和非电装置的用电设备。

A. 交流 1 000 V 及其以下与直流 1 500 V 及其以下

B. 交流 1 500 V 及其以下与直流 1 000 V 及其以下

C. 交流 220 V 及其以下与直流 380 V 及其以下

D. 交流 500 V 及其以下与直流 660 V 及其以下

14. 低压电器电磁机构主要由线圈、铁心和衔铁等部分组成。其结构形式有Ⅲ形电磁铁、（　　）和拍合式电磁铁。

A. 方形电磁铁　　　　　　　　B. U 形电磁铁

C. 圆形电磁铁　　　　　　　　D. 螺管式电磁铁

15. 低压断路器又称自动开关，当电路发生过载、（　　）及失压等故障时，能够自动切断故障电路，有效地保护串接在其后面的电气设备。

A. 断路　　　　　　　　B. 短路

C. 空载　　　　　　　　D. 额定负载

16. SW_2－35/1500－24.8 断路器，其中 35 表示（　　）。

A. 350 V　　　　　　　　B. 3.5 kV

C. 35 kV　　　　　　　　D. 350 kV

17. 电力系统中，二次回路在保证电力生产安全，并向用户提供合格的电能方面起着重要作用，其下列电路不属于二次回路的是（　　）。

A. 主触头电路　　　　　　　　B. 控制回路

C. 继电保护回路　　　　　　　　D. 测量回路

18. 铜母线电阻小，导电性能好，机械强度高，（　　）。

A. 抗腐蚀性最差　　B. 抗腐蚀性比钢母线差

C. 抗腐蚀性比铝母线差　　D. 抗腐蚀性最好

19. 盘、柜内的配线电流回路应采用电压不低于 500 V 的铜芯绝缘导线，其截面不得小于 2.5 mm^2，其他回路截面不应小于（　　）。

A. 1 mm^2　　B. 0.5 mm^2

C. 2.5 mm^2　　D. 1.5 mm^2

20. 晶闸管是一个由 PNPN 四层半导体构成的（　　）器件，其内部形成三个 PN 结。

A. 四端　　B. 二端

C. 三端　　D. 五端

21. 单相桥式整流电路在整个周期的正、负两个半周内都有电流通过，利用率高，二极管所承受的反向电压为单向全波整流的（　　）倍。

A. 0.5　　B. 1

C. 2　　D. 1.5

22. 电气文字符号中，单字母 C 表示（　　）。

A. 传感器类　　B. 电阻器类

C. 电感器类　　D. 电容器类

23. 电气设备的爬电距离与电器的额定绝缘电压或工作电压、（　　）和绝缘材料组别有关。

A. 爬电比距　　B. 漏电起痕

C. 污染等级　　D. 对地距离

24. 在狭窄场所如锅炉、金属容器、管道内等地施工，如使用Ⅱ类电动工具，必须设置额定漏电动作电流不大于 15 mA、动作时间不大于（　　）的漏电保护器。

A. 2 s　　B. 0.2 s

C. 1 s　　D. 0.1 s

25. 造成气动工具耗气量增大的原因是（　　）。

A. 通气管路及各连接处漏气

B. 转子端面与后盖平面磨卡

C. 间隙不合适零件表面摩擦发热

D. 润滑不良

26. 已知某电器型号为 RN1－10/100，其中 R 表示（　　）。

A. 熔断器　　B. 断路器

C. 装入式　　D. 低压式

27. 在磁场中，为了形象化常用（　　）描绘磁场的分布。

A. 磁力线　　B. 磁场强度

C. 磁通　　D. 电磁力

28. 同一铁心上的两个相邻线圈 A、B，当流入线圈 A 的电流变化时，会在线圈 B 上产生感应电动势，这种现象称为互感。同时，线圈 A 称为（　　）。

A. 原线圈　　B. 二次线圈

C. 副线圈　　D. 感应线圈

29. 在刃磨麻花钻时，右手握住钻头的头部，作为定位的支点，使钻头绕其轴心线转动并施加适当的压力，左手握住钻头的（　　），做上下摆动。

A. 上部　　B. 头部

C. 柄部　　D. 下部

30. 当用高速钢铰刀进行铰削加工时，如果铰削速度为 8～12 m/min，适合加工（　　）。

A. 钢件　　B. 铸铁件

C. 铜件　　D. 铝件

31. 钻深孔时，一般钻进深度达到直径的（　　）倍时，钻头要退出排屑。

A. 2　　B. 3

C. 1　　D. 5

32. （　　）钻是对已有孔进行半精加工，切削速度约为钻孔的 1/2，进给量为 1.5～2 倍。

A. 镗孔　　B. 铰孔

C. 钻孔　　D. 扩孔

33. 用半圆头铆钉铆接时，首先将被铆工件彼此贴合，然后划线钻孔，下一道工序是（　　）。

A. 清除毛刺　　B. 在孔口倒角

C. 将铆钉插入孔内　　D. 清除锈斑

34. 不符合气动铆接使用要求的是（　　）。

A. 定期对工具进行润滑

B. 不要直对任何人操作

C. 电动机罩上的排气孔堵塞不影响正常工作

D. 工作温度应高于5℃

35. 根据生产上的需要，装配图一般不包括（　　）。

A. 标题栏　　B. 技术要求

C. 装配工具　　D. 必要的尺寸

36. 装配图上表示装配体各零件之间装配关系的尺寸，称为（　　）。

A. 特性尺寸　　B. 装配尺寸

C. 外形尺寸　　D. 安装尺寸

37. 安全操作规程要求，使用电动工具时，正确操作是（　　）。

A. 可以不进行定期检查与维修

B. 传动部位应注润滑油

C. 稍有破损的工具可以正常使用

D. 不会给周围人员及自身带来安全隐患

38. 电气系统本身包括（　　）等。

A. 发电、变配电、使用设备

B. 变配电和使用设备

C. 发电、供电、输电、变配电、使用

D. 电器使用设备

39. 安全操作规程要求高空作业时应注意（　　）。

A. 工具应装在工具袋里

B. 安全带不得固定在结构件上

C. 工作台面上不设绝缘层

D. 检查硬底鞋绝缘情况

40. 装配 ZN28－12 真空断路器真空灭弧室时使用的工具有 10 英寸一字旋具，16 英寸、17 英寸、18 英寸、19 英寸固定扳手，电动扳手，套筒扳手一套，（　　）。

A. 木锤子、手锯　　B. 手锯、电源线（带插座板）

C. 木锤子、手锤　　D. 木锤子、电源线（带插座板）

41. 装配 ZN28－12 真空断路器真空灭弧室时使用的量具有游标卡尺（0～125 mm），（　　）（1 000 mm）。

A. 木板尺　　B. 钢卷尺

C. 钢直尺　　D. 丁字尺

42. 测试 ZN28－12 真空断路器特性参数时需要（　　）1 台、电源控制车 1 台。

A. 万能表　　B. 示波器

C. 物理特性参数测试仪　　D. 晶体管特性测试仪

43. 验电笔是用来测量电压在 60～500 V 范围的（　　）的电位差。

A. 带电体与电器设备外壳　　B. 带电体与大地

C. 线圈与外壳　　D. 带电体与保护地

44. 螺钉旋具按头部形状分为一字形和十字形。Ⅰ号十字形槽旋具适用于螺钉直径为（　　）。

A. 1～2.5 mm　　B. 0.5～2.5 mm

C. 1～2 mm　　D. 1～3 mm

45. 钢丝钳有 150 mm、175 mm、200 mm 三种，主要用来（　　）。带绝缘柄的钢丝钳采取安全措施后，可供工作电压在 500 V 以下的带电场合下使用。

A. 切断金属丝　　B. 切断金属丝或夹持金属板

C. 弯曲金属丝　　　　　　　　　　D. 剥去电线绝缘层

46. 高压验电器是用来检验高压电气设备、架空线路和电力电缆等是否带电的工具。常用的有（　　）。

A. 10 kV 及以下　　　　　　　　B. 6 kV 及以下

C. 22 kV 及以下　　　　　　　　D. 110 kV 以上

47. 关于量具、量仪不宜采用的保养方法是（　　）。

A. 用油石擦拭量具、量仪的测量面和刻线部分

B. 量具应存放在清洁、干燥、无振动的环境中

C. 不要用手直接擦拭量具、量仪的测量面

D. 使用完毕，应松开紧固装置

48.（　　）是对被测件上所有被测量的参数逐个进行测量。

A. 单项测量法　　　　　　　　　B. 综合测量法

C. 主动测量　　　　　　　　　　D. 被动测量

49. 常用的金属材料分黑色金属（钢铁材料）和有色金属（非铁金属及其合金）。有色金属包括铜及（　　）及其他合金。

A. 铜合金、铝合金、轴承合金、易熔金属

B. 铜合金、轻合金、重合金、易熔金属

C. 铜合金、轻合金、轴承合金、易熔金属

D. 铝合金、轻合金、轴承合金、易熔金属

50.（　　）是将淬火后工件重新加热到某一温度，保温一定时间，然后冷却。

A. 退火　　　　　　　　　　　　B. 正火

C. 淬火　　　　　　　　　　　　D. 回火

51. ZN63A（VS1）真空断路器机构装置图中，分闸单元由分闸弹簧 12 和分闸电磁铁 14 构成，（　　）、四连杆机构 10 和 13、绝缘拉杆 9 组成断路器的传动单元。

A. 合闸弹簧 16　　　　　　　　B. 合闸凸轮 15

C. 储能器 17　　　　　　　　　D. 拨板 18

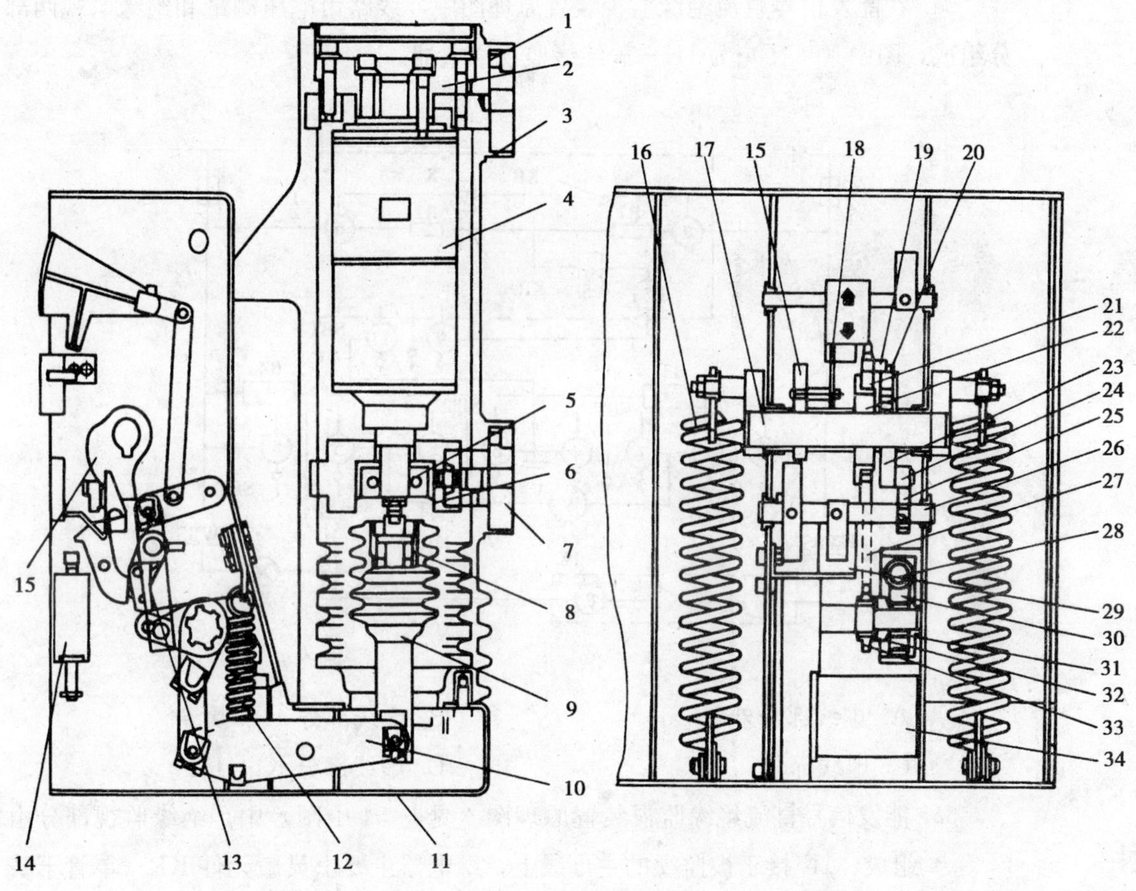

52. 在 ZN63A（VS1）真空断路器机构装置图（见题 51 中图）中，27 为链条、（　　）、34 为储能电动机，它们共同组成断路器的储能部分及传动机构。

A. 29 为蜗杆、30 为蜗轮　　B. 28 为蜗杆、30 为蜗轮

C. 28 为蜗杆、30 为轴套　　D. 28 为轴套、30 为蜗轮

53. 在 ZN63A（VS1）真空断路器机构装置图（见题 51 中图）中，2 为上支架，3 为上出线座，4 为真空灭弧室，6、7 为（　　）。

A. 进线电缆，下出线座　　B. 下支架，进线电缆

C. 下支架，下出线保护　　D. 下支架，下出线座

54. 在能发信号直流绝缘监视装置原理图中，线路由电压测量和绝缘监视两部分组成，图中（　　）为 1K——绝缘监视继电器。

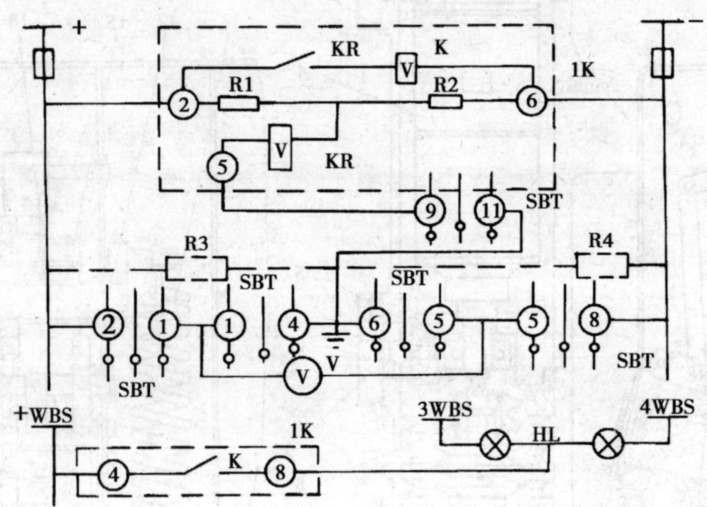

A. 虚线部分外　　　　　　　　　B. 虚线部分 4、8 元件

C. 虚线部分　　　　　　　　　　D. 虚线部分 R1、R3

55. 能发信号直流绝缘监视装置原理图（见题 54 中图）中，绝缘监视部分由（　　）组成，1K 接于被监视的主母线上，继电器主要由灵敏元件 KR（单管干簧继电器），出口元件 K（中间继电器）和平衡电阻 R1、R2 组成。

A. 绝缘监视继电器 1K 和光字牌 HL

B. 绝缘监视继电器 1K 灵敏元件 KR

C. 灵敏元件 KR 和光字牌 HL

D. 绝缘监视继电器 1K 和平衡电阻 R1、R2

56. 手车式开关柜配用 CT8 型弹簧机构断路器电气控制回路原理图中，当断路器处于试验（运行）位置，机构处于（　　）。

A. 未储能状态　　　　　　　　　B. 不储能状态

C. 试验状态　　　　　　　　　　D. 已运行状态

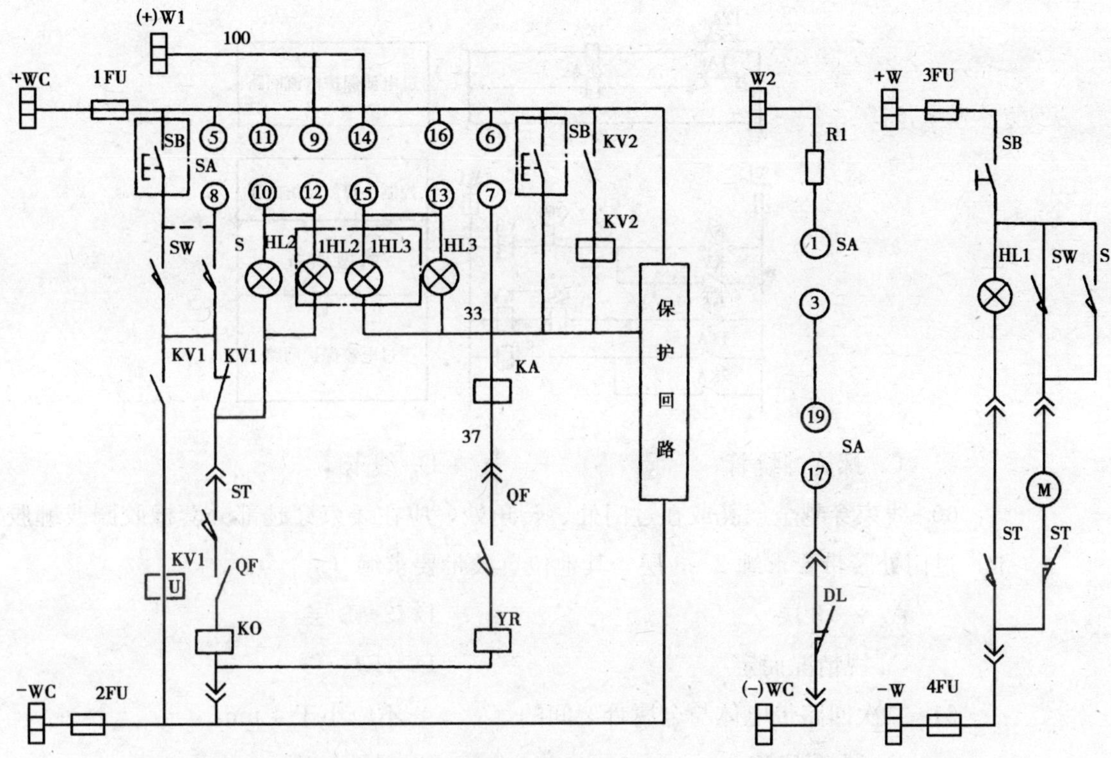

57. 手车式开关柜配用 CT8 型弹簧机构断路器电气控制回路原理图（见题 56 中图）中，当断路器合闸后，自动切换其辅助触点，DL（　　），切断合闸回路，DL 常开辅助触点闭合，为跳闸回路做好准备。

A. 常闭辅助触点打开　　　　　　B. 常闭辅助触点闭合

C. 常开辅助触点打开　　　　　　D. 常开辅助触点闭合

58. 高低压电器二次配线要求是电流回路采用电压不低于 500 V 的铜芯绝缘导线，其截面为 2.5 mm^2，其他回路截面为（　　）。

A. 2.5 mm^2　　　　　　B. 1.5 mm^2

C. 0.5 mm^2　　　　　　D. 任意线径

59. 如图所示用于连接可动部分的电器元件导线应采用多股铜绞线，过门线应用（　　）进行保护。

A. 多股铜绞线　　　　　　B. 过门线

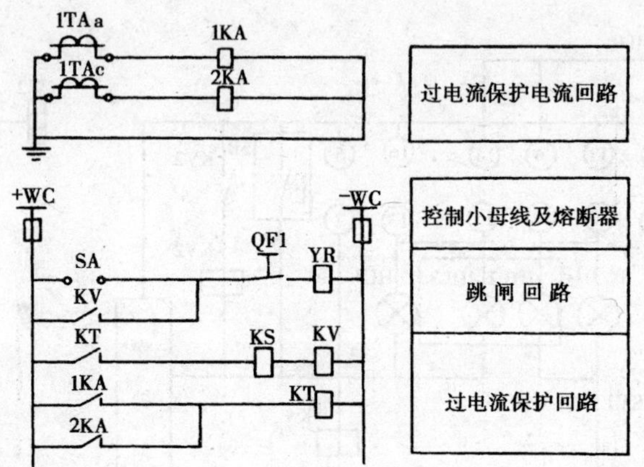

C. 螺旋缠绕管　　　　　　　　　　D. 线卡

60. 线束穿越金属孔或在过门处、转角处，应在线束穿越部分套橡胶圈或缠胶带，过门处胶带要求缠 2～3 层，其他位置胶带要求缠（　　）。

A. 2～3 层　　　　　　　　　　B. 3～5 层

C. 视情况而定　　　　　　　　　D. 任意

61. 二次回路带电体与金属骨架间的（　　）不应小于 4 mm。

A. 漏电距离　　　　　　　　　　B. 导线长度

C. 电气间隙　　　　　　　　　　D. 导线位置

62. 当二次线需用烙铁焊接时，要用（　　）进行焊接。

A. 酒精、焊锡　　　　　　　　　B. 松香、酒精

C. 松香、铜　　　　　　　　　　D. 松香、焊锡

63. 在母线上接二次线时，一般用（　　）螺钉将二次线固定在母线上，导线芯与母线之间不加垫片，并且在同一侧最多接 2 根导线。

A. M6　　　　　　　　　　　　B. M5

C. M4　　　　　　　　　　　　D. M8

64. 在机床运行时，正确的操作是（　　）。

A. 不准在旋转的刀具下，翻转、测量工件

B. 工作台上可放工具

C. 可用手直接清除铁屑

D. 发现异常情况，可自行检查修理

65. 所有螺钉紧固件，必须加弹垫、平垫或弹垫、平垫、螺母后进行紧固，紧固后（ ）露出 2～5 圈螺纹。

A. 螺钉紧固件 B. 螺母

C. 螺钉 D. 平垫

66. 装配“三防”产品时，应按“三防”要求正确使用“三防”件，包括导线、软连接及柜体标牌、线鼻子、冷压端头等附件，施工时（ ）或干净的线手套。

A. 戴绝缘手套 B. 穿绝缘鞋

C. 穿静电服 D. 戴“三防”手套

67. 当所装配的元件上有保护接地点时，应将其接地点接 1 根截面 1.5 mm^2（ ），并将其接到柜体牢固的接地点处。

A. 黑色铜绞线 B. 黑色铜线

C. 黄绿相间双色铜绞线 D. 双色铜绞线

68. 根据产品的技术条件把电器产品的各种零件和部件，按照一定的（ ）结合起来的工艺过程称为装配工艺。

A. 要求和方式 B. 加工要求

C. 程序和方式 D. 工序和要求

69. （ ）是保证电器产品性能的一个重要因素，而装配精度与零部件的精度有着密切的、内在的联系。

A. 装配精度 B. 装配工艺

C. 加工精度 D. 装配工序

70. 在电器装配过程中，常常见到一些（ ）尺寸，而这些相互联系的尺寸，按一定顺序连接成封闭的形式，叫做装配尺寸链。

A. 相互联系的 B. 相互独立的

C. 相互位置的 D. 相互制约的

71. 分析尺寸链的基本任务是，根据装配图查明（ ）和电磁性能的有关零件尺寸，计算出这些尺寸的公差，以保证电器的装配精度和物理性能。

A. 影响加工精度　　B. 影响装配精度

C. 影响维修精度　　D. 影响测量精度

72. 查尺寸链的顺序时应首先明确（　　），它是有关零部件装配过程中最后形成的环节。

A. 尺寸要求　　B. 封闭环

C. 公差要求　　D. 精度要求

73. 完全互换法装配适用于生产中（　　）要求不高的多环尺寸链的装配。

A. 零件尺寸　　B. 零件精度

C. 零件外形　　D. 装配精度

74. 修配法装配要求，在加工时尺寸链中各组成环（　　）经济可行的公差进行加工，在装配时修配尺寸链中某一组成环的尺寸，以保证封闭环所需要的精度要求。

A. 均按零件结构和生产条件下

B. 均按零件结构和测量条件下

C. 均按制造工艺和生产条件下

D. 均按设计

75. 选择法装配是将尺寸链中组成环公差放大到经济可行的程度，装配时（　　）进行装配，以保证规定的装配技术要求。

A. 要加工、选择零件　　B. 必须修正合适的零件

C. 必须选择合适的零件　　D. 必须按顺序

76. 调整法装配是用调整某一预定环的位置或尺寸厚度等的方法保证封闭环的精度，或者是满足技术条件中所规定的（　　）。

A. 物理性能　　B. 装配性能

C. 工艺性能　　D. 电气性能

77. 可动调整法装配是在装配尺寸链中，选定一个或几个零件作为调整环，根据封闭环的精度和电气性能要求，改变调整环的位置，以保证封闭环的（　　）

要求。

A. 精度和尺寸　　　　B. 尺寸和电气性能

C. 机械和电气性能　　　　D. 精度和电气性能

78. 固定调整法装配是在装配尺寸链中，选定一个或几个零件作为调整环，根据封闭环的精度和电气性能要求来确定它们的（　），以保证封闭环的精度要求。

A. 工艺　　　　B. 长度

C. 尺寸　　　　D. 范围

79. 完全互换法适用于大批量生产中，（　）的多环尺寸链的装配。

A. 装配精度要求高　　　　B. 加工精度要求不高

C. 装配精度要求不高　　　　D. 加工精度要求高

80. ZN63A（VS1）断路器的出厂检验项目不含（　）项。

A. 机械特性试验　　　　B. 异相接地故障开断试验

C. 机械操作试验　　　　D. 主回路电阻测量

81. ZN63A（VS1）断路器操作电压为最高值时，分闸时间为（　）ms。

A. 40^{+10}_{-15}　　　　B. 50^{+10}_{-15}

C. 55^{+10}_{-15}　　　　D. 35^{+10}_{-15}

82. ZN63A（VS1）断路器平均分闸速度为（　）m/s。

A. 1.1±0.2　　　　B. 1.8±1

C. 3±0.5　　　　D. 0.6±0.2

83. ZN63A（VS1）断路器在规定的操作电压下，连续正确、可靠分、合闸各50次，其中在最低操作电压下分、合闸各（　）次。

A. 5　　　　B. 10

C. 15　　　　D. 20

84. ZN63A（VS1）断路器在进行机械操作试验时应以（　）额定操作电压连续分闸操作3次，断路器不得分闸。

A. 30%　　　　B. 25%

C. 20%　　　　D. 75%

85. ZN63A（VS1）断路器在进行长期工作时的发热试验时，断路器载流部分发热试验的方法和要求按（　　）规定执行。

A. GB 1984—1989　　　　B. GB 3309—1989

C. GB/T 11022—1999　　　　D. JB 3855—1996

86. 长期工作发热试验中，断路器（　　）及附加设备发热试验的方法和要求按 GB 1984—1989 规定，真空灭弧室载流部分温升不作规定。

A. 操作机构的载流元件

B. 真空灭弧室部分发热试验

C. 非载流部分发热试验

D. 载流部分过流试验

87. ZN63A（VS1）断路器在进行绝缘试验时，在额定短路开断电流开断次数试验前、后，其相间、对地应耐受 42 kV 工频试验电压（　　）和 75 kV 正、负极性全波雷电冲击试验电压。

A. 0.5 min　　　　B. 2 min

C. 1 min　　　　D. 3 min

88. ZN63A（VS1）断路器在进行额定短路开断电流、关合能力试验时，应按 GB 1984—1989 规定共包括 5 种试验方法，其中第 4 种试验方式是以（　　）额定短路开断电流进行试验，按操作顺序分闸—0.3 s—合、分闸—180 s—合、分闸进行。

A. 10%　　　　B. 100%

C. 60%　　　　D. 30%

89. ZN63A（VS1）断路器在进行额定短路开断电流的开断次数试验时，按操作顺序“分闸—0.3 s—合、分闸—180 s—合、分闸”（　　）次，单分闸 13 次，合、分闸 11 次，最后再进行“分闸—0.3 s—合、分闸—180 s—合、分闸”1 次。

A. 1　　　　B. 2

C. 3　　　　　　　　　　　　D. 4

90. 开合电容器组试验规定：额定单个电容器组开断试验，开断电流为 630 A；额定（　　），开断电流为 400 A。

A. 多个电容器组　　　　　　　B. 背向背电容器组

C. 背对背电容器组　　　　　　D. 整个电容器组

91. 断路器的结构检查在产品零部件装配调整后进行，应符合（　　）批准的图样和文件要求。

A. 规定标准　　　　　　　　　B. 装配程序

C. 规定程序　　　　　　　　　D. 验收标准

92. DL－20C 系列电流继电器电流整定范围为（　　）A。

A. 630　　　　　　　　　　　B. 0.08～30

C. 30～200　　　　　　　　　D. 0.012 5～200

93. DZ－30B 系列中间继电器的动作电压不大于额定电压的 70%，不小于额定电压的（　　）。

A. 20%　　　　　　　　　　　B. 15%

C. 30%　　　　　　　　　　　D. 35%

94. CJ35－40 交流接触器 AC－3 使用类别下（　　）为：40 A（380 V）；AC－3 使用类别下控制电动机功率为 18.5 kW（380 V）。

A. 工作电流　　　　　　　　　B. 最大电流

C. 最小电流　　　　　　　　　D. 安全电流

95. DL－20C 系列电流继电器在（　　）倍电流整定时，动作时间不大于 0.12 s，在 2 倍电流整定时，动作时间不大于 0.04 s。

A. 1.1　　　　　　　　　　　B. 2.2

C. 3.5　　　　　　　　　　　D. 0.6

96. DZ－30B 系列中间继电器，在电压 220 V 以下的交流电路中，触点断开容量（　　）VA。

A. 100　　　　　　　　　　　B. 150

C. 250　　D. 200

97. ZND—40.5/2000—31.5 断路器额定电压为（　　）kV。

A. 40.5　　B. 1 250

C. 31.5　　D. 42

98. 交流高压断路器正常使用时海拔高度不超过（　　）m。

A. 800　　B. 1 500

C. 1 200　　D. 1 000

99. 机械测量误差的种类有（　　）。

A. 方法误差、随机误差和绝对误差

B. 系统误差、随机误差和相对误差

C. 系统误差、随机误差和粗大误差

D. 相对误差、随机误差和粗大误差

100. 电气测量又称电磁测量，但是不属于电测量范围的是（　　）。

A. 电感　　B. 电流

C. 功率　　D. 磁感应强度

101. 绘制零件草图时，需将全部（　　）、定出技术要求、并将尺寸数字及技术要求记入图中。

A. 测量尺寸、注出　　B. 中心线描深

C. 轮廓线描深　　D. 尺寸线描深

102. 电气工程图的组成一般包括：首页、电气系统图、（　　）、安装接线图和大样图。

A. 设备系统图、电气原理接线图、设备布置图

B. 平面布置图、电气原理接线图、设备布置图

C. 平面布置图、设备原理接线图、设备布置图

D. 平面布置图、设备原理接线图、系统布置图

103. 电气原理接线图是（　　）的电气工作原理的图样，用以指导具体设备与系统的安装、接线、调试、使用与维护。

A. 表现某一具体设备或系统　　　　B. 表现某一具体部件或零件

C. 表现同一具体设备或系统　　　　D. 表现某一类型设备或系统

104. 测绘是一件复杂而细致的工作，其主要工作是分析机件的结构形状，画出图形；准确测量，（　）；合理制定技术要求。

A. 掌握正确测量方法　　　　B. 正确使用测量工具

C. 注出尺寸　　　　D. 合理安排绘图步骤

105. 零件上直线长度包括长、宽、高三个方向的直线尺寸，以及倾斜方向上的两点距离等，可直接用钢直尺测量，必要时可借助（　）测量。

A. 传感器　　　　B. 半圆仪

C. 圆规　　　　D. 三角板

106. 在进行孔距测量时，当两孔直径相同时，可用钢直尺通过（　），在两孔圆周的对应点间直接测量出孔距尺寸。

A. 切线　　　　B. 对角线

C. 投影线　　　　D. 平行连心线

107. 在企业中，计算机应用主要有：数值计算、数据处理和信息加工、（　）、计算机辅助测试、生产设备管理等。

A. 自动加工和过程控制、计算机辅助设计和制作

B. 自动控制与操作、计算机辅助设计和制图

C. 自动控制与操作、计算机辅助设计和制作

D. 计算机画图、计算机辅助设计和制作

108. 计算机的操作系统是一个大型程序，具有管理和控制计算机（　）的功能，是用户和计算机之间的接口，并提供了软件开发和应用的环境。

A. 系统软、硬件和外设

B. 系统外设和数据资源

C. 系统软、硬件和数据资源

D. 系统软、硬件和应用软件

109. Windows 2000 的基本操作，要掌握（　）窗口、菜单、图标的使用方

法，了解 Windows 2000 界面中菜单栏中的各项指令操作。

A. 鼠标、键盘　　　　　　　　B. 桌面、文件夹

C. 鼠标、桌面　　　　　　　　D. 文件夹、键盘

110. 计算机辅助分析是通过在计算机上完成对零件特征的分析与零件在装配过程中的分析，（　　），也不产生实际产品，而是产品的设计开发及生产过程在计算机上的一种本质实现。

A. 丝毫不消耗实际物资和能量

B. 基本上不消耗实际物资和能量

C. 基本上不消耗时间和能量

D. 基本上不消耗能量和时间

111. 在装配 KYN28C—12 开关柜安装完毕后，应进行调试、参数测量、机械结构调整、清洗，使装配达到（　　）。

A. 国际规定的标准及有关验收规范

B. 国家规定的标准及企业验收规范

C. 国家规定的标准及有关销售规范

D. 国家规定的标准及有关验收规范

112. ZN63A（VS1）断路器的调试操作，其中绝缘试验按 GB 311.1—1997、GB 16927.2—1997、GB/T 11022—1999 的规定进行；基本短路试验按（　　）规定进行。

A. GB 1989—1989　　　　　　B. GB 1984—1984

C. GB/T 1984—1989　　　　　D. GB 1984—1989

◉ 判断题（第 113 题～第 164 题。将判断结果填入括号中，正确的填“√”，错误的填“×”。）

113.（　　）事业成功的人往往具有较高的职业道德。

114.（　　）办事公道是指从业人员在进行职业活动时要做到助人为乐，有求必应。

115.（　　）职业纪律中包括群众纪律。

116.（ ）在日常接待工作中，根据性别给予服务符合平等尊重要求。

117.（ ）根据拉长电弧灭弧原理，常用灭弧装置是多断口灭弧。

118.（ ）电气及机械的寿命试验属于高、低压电器试验项目。

119.（ ）表示延时闭合的动合（常开）触头图形符号与表示延时断开的动合（常开）触头图形符号一样。

120.（ ）高压一次设备在户内使用且额定电压 35 kV 时，带电部分至接地部分的最小空气绝缘距离为 300 mm。

121.（ ）有一额定值为 5 W、500 Ω 的线绕电阻，其额定电流值为 0.01 A。

122.（ ）有一 220 V、60 W 的电灯接在 220 V 的电源上，如果每晚用 3 h，30 天消耗的电能是 5.4 kW·h。

123.（ ）启动设备前，应检查防护装置、紧固螺钉以及电、油、气等动力开关是否完好。工作前，无须空载试车。

124.（ ）根据安全防范措施要求，工作中应注意周围人员及自身安全，工具脱落可能会造成人身伤害。

125.（ ）国家安全生产的指导方针是安全第一，预防为主。

126.（ ）测试 ZN28－12 真空断路器特性参数时需要的量具为 0～200 mm 游标卡尺及 0～1 000 cm 钢直尺各 1 把。

127.（ ）计量装置能够测量较多的几何量和较复杂的零件，有助于实现检测的自动化和半自动化。

128.（ ）浸渍漆主要用来浸渍电动机、电器和变压器的线圈和绝缘零部件，以填充其间隙和微孔，提高其电器和力学性能。

129.（ ）永磁材料主要用作传递、转换能量和信息的磁性零部件或器件。

130.（ ）ZN63A（VS1）真空断路器机构装置中的机构装置包括分闸单元、合闸单元和传动单元三部分。

131.（ ）继电防跳保护装置断路器控制回路图中，KTB 为防跳继电器，它由电流启动、电流保持的中间继电器组成。

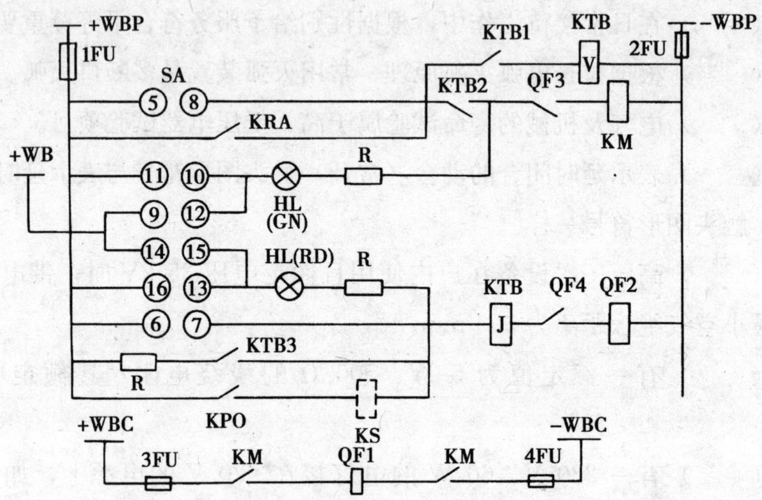

132.（　）继电防跳保护装置断路器控制回路图（见题 131 中图）中，KTB 电压线圈串联于跳闸回路。

133.（　）继电防跳保护装置断路器控制回路图（见题 131 中图）中，KTB 电压线圈通过自身的一个常开触点与合闸接触器线圈并联。

134.（　）能发信号直流绝缘监视装置原理图中，正常时母线 2 极对地绝缘电阻不等。

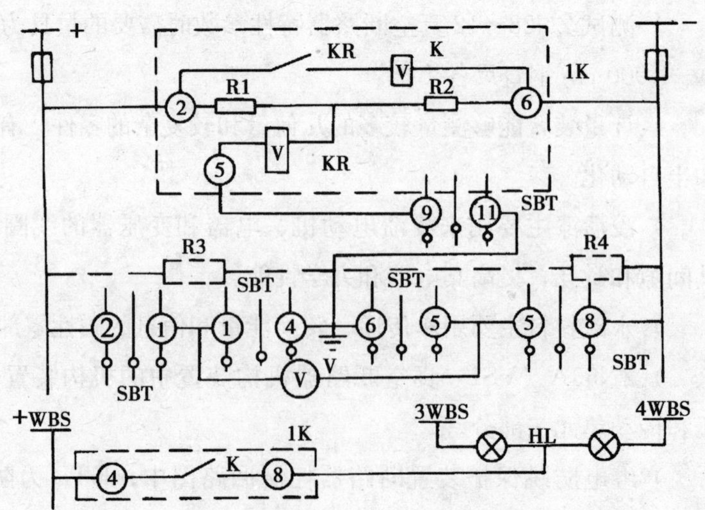

135.（　）能发信号直流绝缘监视装置原理图（见题 134 中图）中，绝缘监视部分的 R1、R2、R3、R4 构成电压分支的 4 臂。

136.（　）手车式开关柜配用 CT8 型弹簧机构断路器电气控制回路原理图中，当行程开关 ST 常开接点被闭合，如若绿灯亮，说明断路器处在跳闸位置且合闸回路完好。

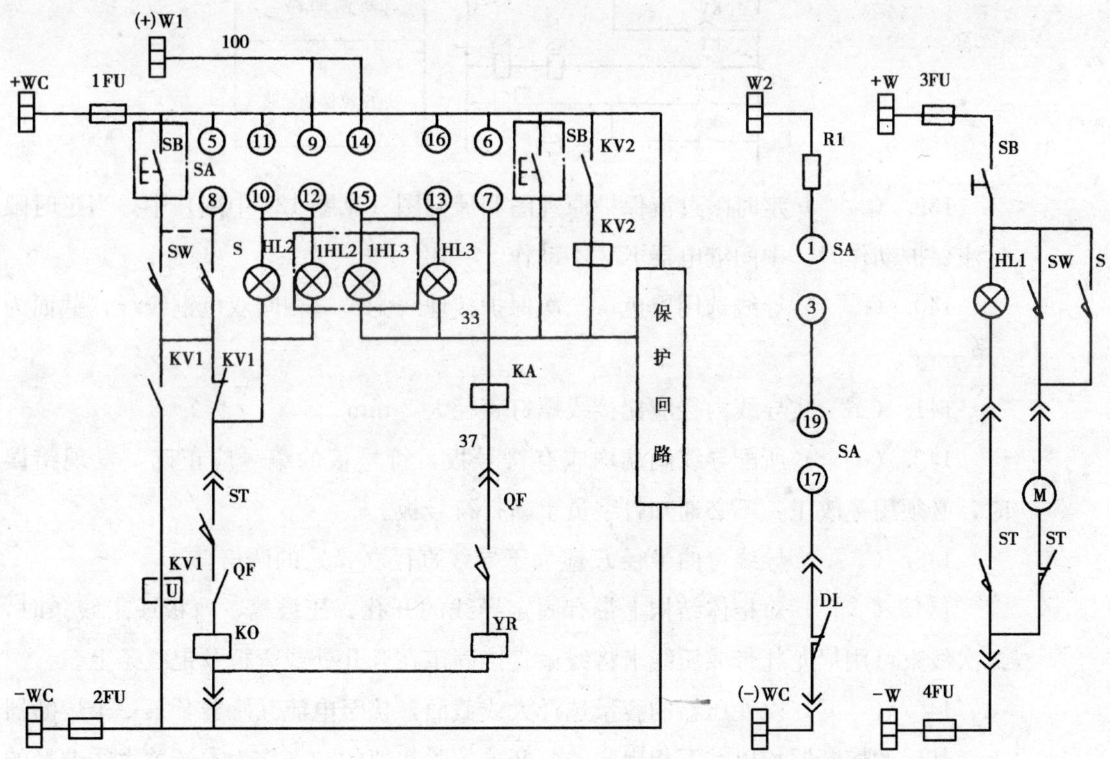

137.（　）手车式开关柜配用 CT8 型弹簧机构断路器电气控制回路原理图（见题 136 中图）中，当控制开关 SA 手把顺时针方向转动 90°至“预备合闸”位置，且绿灯闪光，控制开关 SA 手把再顺时针方向转动 45°至“合闸”位置，即可合闸。

138.（　）定时限过流保护原理图和展开图中，当保护动作时，KS 给出掉牌信号。

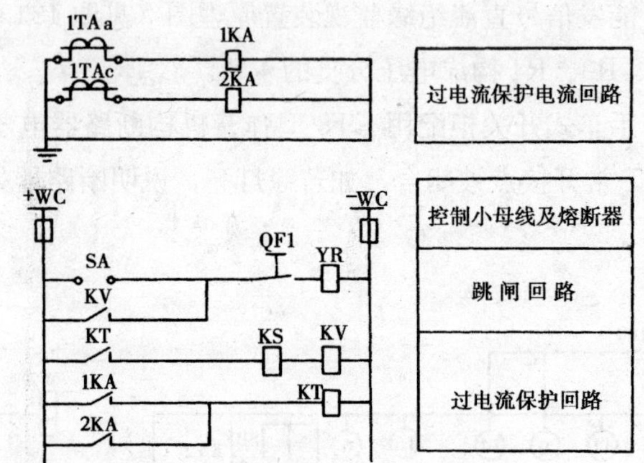

139.（　　）定时限过流保护原理图和展开图（见题 138 中图）中，当定时限过流保护动作时，中间继电器 KV 不动作。

140.（　　）导线选用黑色，二次保护接地线为黄绿相间双色铜绞线，截面为 1.5 mm^2。

141.（　　）导线内径应比接线螺钉直径大 2 mm。

142.（　　）所配导线两端均应有符号板，符号板的编号应正确，发现错误时，必须用笔改正，不必通知打字员重新打符号板。

143.（　　）导线弯曲半径 R 应大于导线直径（d）的两倍。

144.（　　）对柜体结构上带有固定导线的开孔、压鼓槽、弯板或走线条时，二次线束可用尼龙扎带或压线卡将线束直接固定在开孔处或弯板及走线条上。

145.（　　）以变压器的容量选择大线截面，接至电流互感器及第一个熔断器上，其后的熔断器均以其下相串联的各开关的脱扣值的和来作为本开关大线选择的参考电流。

146.（　　）屏蔽线按配线尺寸截断后，线芯两端按工艺守则中的有关要求执行。

147.（　　）电流及电压回路二次导线采用大于 4 mm^2 截面的导线时，互感器上的二次线采用多股铜绞线。

148.（　　）确定构成尺寸链各环的公称尺寸和公差，即计算尺寸链。

149.（　　）修配法生产效率高，但零部件不能互换。

150.（　　）装配工艺规程内容不包括根据生产规模确定装配的组织形式。

151.（　　）ZN63A（VS1）断路器超行程为（3±0.5）mm。

152.（　　）ZN63A（VS1）断路器相间中心距离为（11±1）mm。

153.（　　）机械寿命试验的操作电压按 GB/T 11022—1999 的规定进行。

154.（　　）额定短路开断电流、关合能力试验，第四种试验方式按 100%额定短路开断电流试验。操作顺序按“分闸—0.3 s—合闸”“分闸—100 s—合、分闸”进行。

155.（　　）CJ35－40 交流接触器操作频率为 300 次/h。

156.（　　）ZN63A（VS1）－12/1250－31.5 真空断路器额定短路开断电流为 31.5 kA。

157.（　　）ZND－40.5/2000－31.5 断路器额定短路开断电流为 27.3 kA。

158.（　　）回路电阻测量仪的结构是由产生直流电流 50 A 的电流源，直流电流测量显示系统，直流电压测量显示系统，电压、电流相比值的显示装置组成。

159.（　　）求测量值的算术平均值表示被测量的真值可以消除偶然误差。

160.（　　）局部性、重复性和微弱性是局部放电的特点。

161.（　　）零件工作图的尺寸标注要尽量做到完整、合理、清晰。

162.（　　）如需要测量小孔深度，不能使用游标卡尺直接进行测量。

163.（　　）计算机的运算器和控制器通常集成在一块芯片上，又称中央处理器，即 CPU。

164.（　　）Windows 操作系统以字符命令界面为操作平台，因此用户使用计算机更加简单、方便。

高级高低压电器装配工 理论知识试题精选答案

◉ 单项选择题

1. C	2. D	3. B	4. C	5. A	6. B	7. A	8. B
9. C	10. D	11. A	12. D	13. A	14. D	15. B	16. C
17. A	18. D	19. D	20. C	21. A	22. D	23. C	24. D
25. A	26. A	27. A	28. A	29. C	30. D	31. B	32. D
33. B	34. C	35. C	36. B	37. B	38. C	39. A	40. D
41. C	42. C	43. B	44. A	45. B	46. A	47. A	48. A
49. C	50. D	51. B	52. B	53. D	54. C	55. A	56. A
57. A	58. B	59. C	60. C	61. C	62. D	63. B	64. A
65. C	66. D	67. C	68. C	69. A	70. A	71. B	72. B
73. D	74. A	75. C	76. D	77. D	78. C	79. C	80. B
81. A	82. A	83. A	84. A	85. C	86. A	87. C	88. B
89. A	90. C	91. C	92. D	93. C	94. A	95. A	96. C
97. A	98. D	99. C	100. D	101. C	102. B	103. A	104. C
105. D	106. D	107. C	108. C	109. A	110. B	111. D	112. D

◉ 判断题

113. √	114. ×	115. √	116. √	117. ×	118. √	119. ×	120. √
121. ×	122. √	123. ×	124. √	125. √	126. ×	127. √	128. √
129. ×	130. √	131. ×	132. ×	133. √	134. ×	135. ×	136. √
137. √	138. √	139. ×	140. √	141. ×	142. ×	143. √	144. √
145. ×	146. √	147. √	148. √	149. ×	150. ×	151. √	152. ×
153. √	154. ×	155. ×	156. √	157. ×	158. √	159. √	160. √
161. ×	162. √	163. √	164. ×				

第七部分

理论知识考试模拟试卷

高级高低压电器装配工理论知识模拟试卷

职业技能鉴定国家题库

高级高低压电器装配工理论知识试卷

注 意 事 项

1. 考试时间：120 min。
2. 本试卷依据 2002 年颁布的《国家职业标准——高低压电器装配工》命制。
3. 请首先按要求在试卷的标封处填写您的姓名、准考证号和所在单位的名称。
4. 请仔细阅读各种题目的回答要求，在规定的位置填写您的答案。
5. 不要在试卷上乱写乱画，不要在标封区填写无关的内容。

	一	二	总分
得分			

得分	
评分人	

一、单项选择题（第 1 题～第 160 题。选择一个正确的答案，将相应的字母填入题内的括号中。每题 0.5 分，满分 80 分。）

1. 下列选项中属于企业文化功能的是（　　）。

A. 体育锻炼　　B. 整合功能

C. 歌舞娱乐　　D. 社会交际

2. 职业道德活动中，对客人做到（　　）是符合语言规范的具体要求的。

A. 言语细致，反复介绍　　B. 语速要快，不浪费客人时间

C. 用尊称，不用忌语　　D. 语气严肃，维护自尊

3. 职工对企业诚实守信应该做到的是（　　）。

A. 忠诚所属企业，无论何种情况都始终把企业利益放在第一位

B. 维护企业信誉，树立质量意识和服务意识

C. 保守企业秘密，不对外谈论企业之事

D. 完成本职工作即可，谋划企业发展由有见识的人来做

4. 坚持办事公道，要努力做到（　　）。

A. 公私分开　　B. 有求必应

C. 公正公平　　D. 公开办事

5. 下列关于勤劳节俭的论述中，不正确的选项是（　　）。

A. 企业可提倡勤劳，但不宜提倡节俭

B. 一分钟应看成是八分钟

C. 1996 年亚洲金融危机是“饱暖思淫欲”的结果

D. 节省一块钱，就等于净赚一块钱

6. 职业纪律是企业的行为规范，职业纪律具有（　　）的特点。

A. 明确的规定性　　B. 高度的强制性

C. 普适性　　D. 自愿性

7. 企业员工在生产经营活动中，不符合平等尊重要求的是（　　）。

A. 真诚相待，一视同仁　　B. 互相借鉴，取长补短

C. 长幼有序，尊卑有别　　D. 男女平等，友爱亲善

8. 两个 8 kΩ 电阻并联，其等效电阻为（　　）。

A. 2 kΩ　　B. 4 kΩ

C. 3 kΩ　　D. 8 kΩ

9. 正弦交流电流的有效值 I 为其最大值 I_m 的（　　）倍。

A. $\sqrt{2}/2$　　B. 2

C. 1/2　　D. $\sqrt{2}$

10. 三相对称交流电源是由频率相同、（　　）相同、相位依次互差 120°的三个电动势组成。

A. 电压　　B. 电流

C. 振幅　　D. 内阻

11. 低压电器是指工作在交流 1 000 V 及其以下与直流 1 500 V 及其以下的电路中，用来对电能的产生、输送、分配和使用，起到开关、控制、保护和调节作用的电气设备，以及利用电能来（　　）、保护和调节非电过程和非电装置的用电设备。

A. 维护　　B. 连接

C. 灭弧　　D. 控制

12. 低压断路器又称自动开关，当电路发生过载、短路及失压等故障时，能够（　　）切断故障电路，有效地保护串接在其后面的电气设备。

A. 延时　　B. 定时

C. 手动　　D. 自动

13. SW_2—35/1500—24.8 断路器，其中 35 表示（　　）。

A. 350 V　　B. 3.5 kV

C. 35 kV　　D. 350 kV

14. 根据二次绝缘线的选用要求，电气盘、柜内的配线电流回路应采用电压不低于（　　）的铜芯绝缘导线，其截面不得小于 2.5 mm^2，其他回路截面应不小于 1.5 mm^2。

A. 500 V　　B. 600 V

C. 200 V　　D. 300 V

15. 电磁线是具有绝缘层的导电金属导线，又称绕组线，其作用是通过电流产生（　　），或切割磁力线产生电流，实现电能和磁能的相互转换。

A. 热能　　B. 电场

C. 磁场　　D. 电能

16. 按工作原理和用途分类，电真空器件通常分为电子管、离子管、（　　）、电子束管和微波电子管五大类。

A. 单结晶体管　　B. 晶体管

C. 场效应管　　D. 光电器件

17. 双极型晶体管是由两个背靠背 PN 结组成的三极管，工作过程中涉及（　　）两种载流子的运动，所以称为双极型。

A. 电子　　B. 电子和空穴

C. 空穴　　D. 正电荷

18. 晶闸管是一个由 PNPN 四层半导体构成的（　　）器件，其内部形成三个 PN 结。

A. 四端　　B. 二端

C. 三端　　D. 五端

19. （　　）在整个周期的正、负两个半周内都有电流通过，利用率高，二极管所承受的反向电压为$\sqrt{2}U_2$。

A. 三极管放大电路　　B. 单相半波整流电路

C. 单相桥式整流电路　　D. 单相全波整流电路

20. 电气文字符号中，单字母符号是按（　　）将各种电气设备、装置和元件划分为 23 大类，每大类用一个专用单字母表示。

A. 希腊字母　　B. 拉丁字母

C. 阿拉伯数字　　D. 序列号

21. 如下图所示，表示延时断开的动断（常闭）触头图形符号是（　　）。

A. 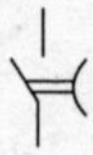　　B.

C. 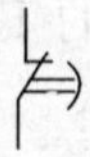　　D.

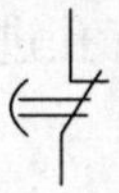

22. 电气设备爬电距离与电器的额定绝缘电压或工作电压、污染等级和（　　）有关。

A. 爬比距离　　B. 对地距离

C. 电气间隙　　D. 绝缘材料组别

23. 在狭窄场所如锅炉、金属容器、管道内等地施工，如使用Ⅱ类电动工具，所设置的额定漏电动作电流不大于（　　）。

A. 25 mA　　B. 15 mA

C. 20 mA　　D. 30 mA

24. 造成气动工具耗气量增大的原因是（　　）。

A. 管路气压过低　　B. 润滑油黏度太大

C. 转子与前后盖间隙太大　　D. 滑片过长、过厚、磨损过多

25. 有一额定值为 1 W、100 Ω 的线绕电阻，其额定电流值为（　　）A。

A. 0.01　　B. 1

C. 0.1　　D. 10

26. 有一 220 V、60 W 的电灯接在 220 V 的电源上，如果每晚用（　　）h，30 天消耗的电能是 5.4 kW·h。

A. 9　　B. 2

C. 3　　D. 6

27. 磁力线是互不相交的（　　），磁场强的地方磁力线较密，磁场弱的地方磁力线较疏。

A. 平行线　　　　B. 散射状的发射线

C. 连续不断的回线　　　　D. 螺旋线

28. 使用台钻钻孔时，不得用（　　）清除铁屑。

A. 钩子　　　　B. 纱布

C. 刷子　　　　D. 皮老虎

29.（　　）钻是对已有孔进行半精加工，切削速度约为钻孔的 1/2，进给量为 1.5～2 倍。

A. 镗孔　　　　B. 铰孔

C. 钻孔　　　　D. 扩孔

30. 用半圆头铆钉铆接时的最后一道工序是（　　）。

A. 铆打成形　　　　B. 镦粗铆钉头伸出部分

C. 将铆钉插入孔内　　　　D. 用罩模修整

31. 外螺纹加工使用的工具是（　　）。加工时，被加工圆杆端部要倒角 10°～15°，以便板牙容易对正工件和切入材料。

A. 铰杠　　　　B. 丝锥

C. 板牙　　　　D. 扳钳

32. 根据生产上的需要，装配图一般不包括（　　）。

A. 必要的尺寸　　　　B. 零件的序号

C. 技术要求　　　　D. 装配工具

33. 装配图上表示装配体上的外形轮廓尺寸，称为（　　）。

A. 装配尺寸　　　　B. 特性尺寸

C. 安装尺寸　　　　D. 外形尺寸

34. 启动设备前应检查（　　）、紧固螺钉以及电、油、气等动力开关是否完好。

A. 电路保护装置　　　　B. 二次回路

C. 控制回路　　　　　　　　　　D. 防护装置

35. 安全操作规程要求，使用电动工具时，不正确的操作是（　　）。

A. 使用前，电源应保证完好无损

B. 电源线不可以任意接长或拆换

C. 损坏时，可自行拆卸修理

D. 电动工具传动部位，应加注润滑油

36. 根据安全防范措施要求，工作中应注意周围人员及自身安全，故下列说法正确的是（　　）。

A. 工作中挥动工具不可能造成人身伤害

B. 工具脱落不可能造成人身伤害

C. 工件飞溅很难造成人身伤害

D. 铁屑飞溅可能造成人身伤害

37. 配电系统不包括（　　）等。

A. 变压器　　　　　　　　　　B. 变流器

C. 阻抗器　　　　　　　　　　D. 发电机

38. 电气设备调试工作完毕后，应将（　　）电源断开。

A. 现场　　　　　　　　　　B. 万用表

C. 气动工具和设备　　　　　　D. 配电柜

39. 管理是为了保障职工的（　　），可以尽量减少事故的发生。

A. 经济利益　　　　　　　　　　B. 安全和健康

C. 权利　　　　　　　　　　D. 根本利益

40. 国家安全生产的指导方针是（　　）。

A. 预防为主，突出重点　　　　　B. 质量第一，效益第二

C. 安全第一，预防为主　　　　　D. 生命第一，质量第二

41. 装配 ZN28－12 真空断路器真空灭弧室时使用的工具有（　　）一字旋具，16 英寸、17 英寸、18 英寸、19 英寸固定扳手，电动扳手，套筒扳手一套，木锤子，电源线（带插座）。

A. 10 英寸　　B. 8 英寸

C. 6 英寸　　D. 16 英寸

42. 测试 ZN28－12 真空断路器特性参数时需要的工具有（　　），8 英寸、10 英寸一字、十字旋具各 1 把，内六方扳手、套筒扳手各 1 套，1.5 磅铁锤子、木锤子各 1 把，鲤鱼钳和手动合闸把各 1 个。

A. 8 英寸活动扳手　　B. 6 英寸活动扳手

C. 12 英寸固定扳手　　D. 8 英寸固定扳手

43. 测试 ZN28－12 真空断路器特性参数时需要物理特性参数测试仪 1 台、（　　）1 台。

A. 变压器　　B. 电源插座

C. 互感器　　D. 电源控制车

44.（　　）是用来测量电压在 60～500 V 范围的带电体与大地的电位差，用于检查低压导体和电器设备外壳是否带电的工具。

A. 高压验电器　　B. 携带型接地线

C. 验电笔　　D. 绝缘棒

45. 螺钉旋具按头部形状分为一字形和十字形。Ⅲ号十字形槽旋具适用于螺钉直径为（　　）。

A. 6～10 mm　　B. 5～8 mm

C. 6～8 mm　　D. 5～10 mm

46. 使用高压验电器测量前，应（　　）。

A. 夹紧携带型接地线　　B. 携带高压绝缘棒

C. 确认地面是否有绝缘垫　　D. 确认验电器确实良好

47. 垫高用具含垫高板、脚扣、电工用梯。脚扣是（　　）的工具，电工用梯适用于户外和户内的登高作业。

A. 高空作业　　B. 管道内作业

C. 攀登电杆　　D. 垫高作业

48. 量规是指（　　）专用计量器具。

A. 标有刻度的　　B. 没有刻度的

C. 没有观测的　　D. 没有信息的

49. 长度计量器具分三类，其中万能计量器具一般都有刻度尺或显示度数装置，可分为（　　）种。

A. 6　　B. 10

C. 5　　D. 8

50. 测量工具选择要求是：既要保证测量精度，又要考虑经济性；考虑被测量值的大小和被测表面的性质；考虑（　　）。

A. 产品的性质　　B. 产品的强度

C. 产品的种类　　D. 产品的产量

51. 关于量具、量仪不宜采用的保养方法是（　　）。

A. 不要用油石擦拭量具、量仪的测量面和刻线部分

B. 不能在高温或低温下存放量具、量仪

C. 可以用手直接擦拭量具、量仪的测量面

D. 使用完毕，应松开紧固装置

52. （　　）测量仪与机床、刀具、工件组成闭环系统，测得的工件尺寸信号反馈于系统。

A. 单项测量　　B. 综合测量

C. 主动测量　　D. 被动测量

53. （　　）是将工件加热到一定温度，经过适当保温后快冷，奥氏体组织转变为马氏体组织。

A. 退火　　B. 正火

C. 淬火　　D. 回火

54. ZN63A（VS1）真空断路器机构装置图中分闸单元由分闸弹簧 12 和分闸电磁铁 14 构成，合闸凸轮 15、（　　）、绝缘拉杆 9 组成断路器的传动单元。

A. 元件 10 和 12　　B. 元件 10 和 13

C. 元件 11 和 13　　　　　　D. 元件 16 和 13

阅读下图，回答 55～56 题。

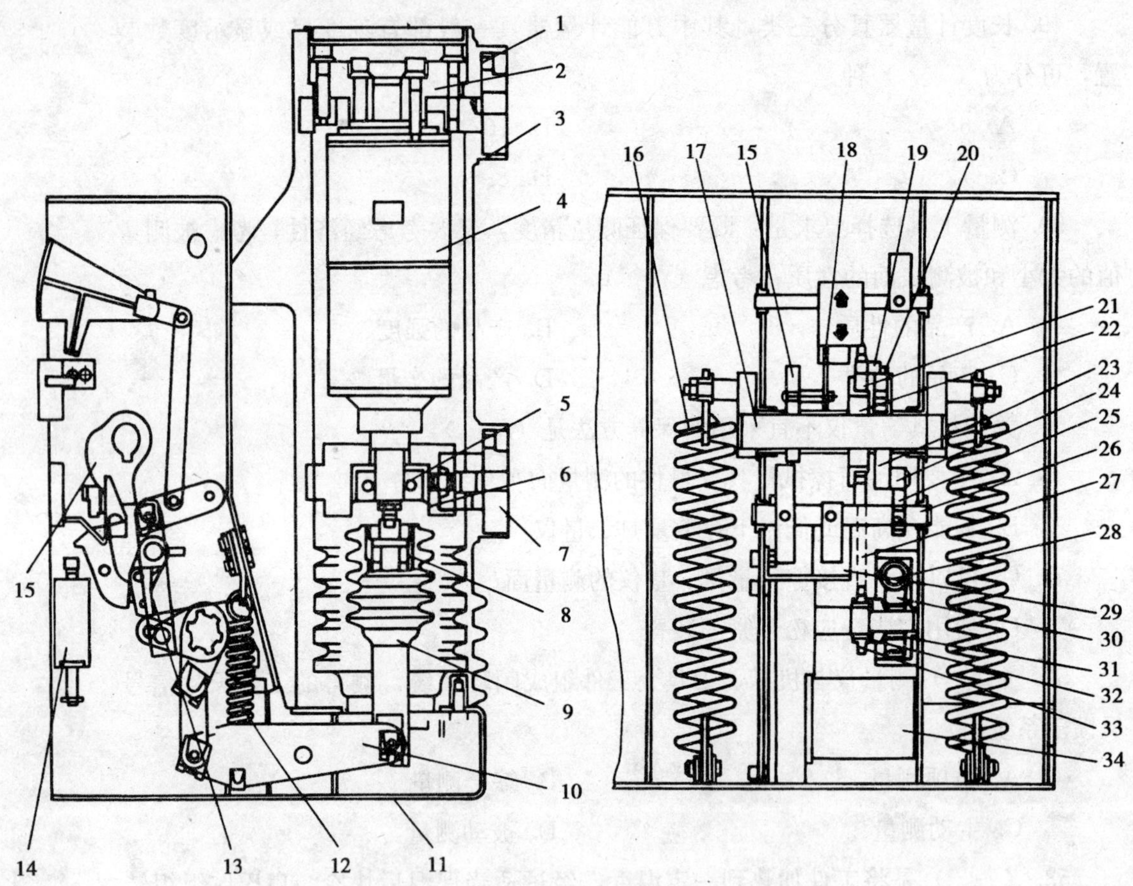

55. 如 ZN63A（VS1）真空断路器机构装置图所示，27 为链条、28 为蜗杆、（　　），它们共同组成断路器的储能部分及传动机构。

A. 30 为蜗轮、33 为储能电动机　　B. 28 为蜗轮、34 为储能电动机

C. 30 为蜗轮、34 为储能电动机　　D. 30 为支撑架、34 为储能电动机

56. 如 ZN63A（VS1）真空断路器机构装置图所示，2 为上支架，3 为上出线座，4 为真空灭弧室，6、7 为（　　）。

A. 进线电缆，下出线座　　B. 下支架，进线电缆

C. 下支架，下出线保护　　　　　　　D. 下支架，下出线座

阅读下图，回答 57～59 题。

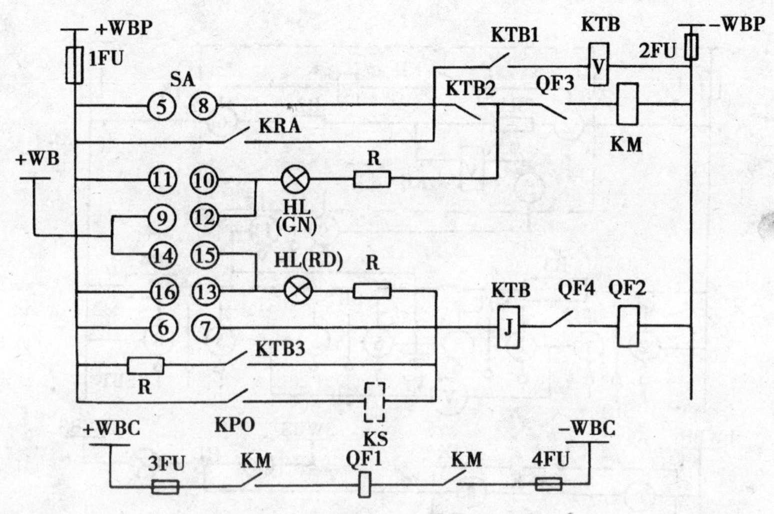

57. 如继电防跳保护装置断路器控制回路图所示，KTB 为防跳继电器。当断路器合闸于故障线路时，继电保护动作，KPO 常开触点闭合，使（　　）通电，断路器保护分闸。

A. QF4 线圈　　　　　　　　　　　B. QF1 线圈

C. QF3 线圈　　　　　　　　　　　D. QF2 线圈

58. 如继电防跳保护装置断路器控制回路图所示，当断路器合闸于故障线路时，继电保护动作。KTB 电流线圈通电启动，其触点切换为：（　　）。

A. KTB3、KTB1 闭合，KTB2 断开

B. KTB3、KTB2 闭合，KTB1 断开

C. KTB3、KTB1 断开，KTB2 闭合

D. KTB2、KTB1 闭合，KTB3 断开

59. 如继电防跳保护装置断路器控制回路图所示，±WBP（　　），±WBC 为合闸回路电源小母线，FU 为熔断器，SA 为控制开关，KRA 为自动装置常开触点，GN 及 RD 为绿、红信号灯。

A. 为控制回路电源小母线　　　　　　B. 为合闸回路电源小母线

C. 为分闸回路电源小母线　　　　　　D. 为控制回路信号小母线

阅读下图，回答 60～62 题。

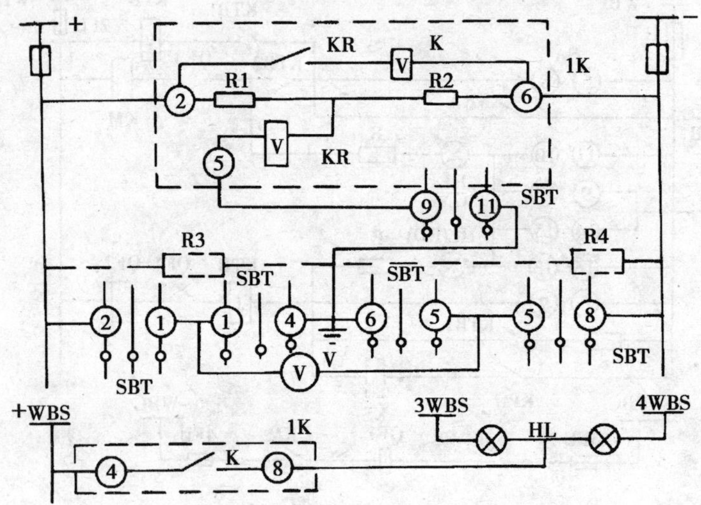

60. 如能发信号直流绝缘监视装置原理图所示，线路由电压测量和绝缘监视两部分组成，图中虚线部分 1K 为（　　）。

A. 绝缘合闸继电器　　　　　　B. 绝缘分闸继电器

C. 绝缘保护继电器　　　　　　D. 绝缘监视继电器

61. 如能发信号直流绝缘监视装置原理图所示，绝缘监视部分由（　　）组成，IK 接于被监视的主母线上，继电器主要由灵敏元件 KR（单管干簧继电器），出口元件 K（中间继电器）和平衡电阻 R1、R2 组成。

A. 绝缘监视继电器 1K 和光字牌 HL

B. 绝缘监视继电器 1K 灵敏元件 KR

C. 灵敏元件 KR 和光字牌 HL

D. 绝缘监视继电器 1K 和平衡电阻 R1、R2

62. 如能发信号直流绝缘监视装置原理图所示，绝缘监视部分的 R1、R2（R1＝R2）为桥臂平衡电阻，R3、R4 为直流母线对地绝缘电阻，灵敏原件 KR 的线圈跨接在（　　）之间。

A. 输出电阻和对地绝缘电阻　　　　B. 输入电阻和对地绝缘电阻

C. 平衡电阻和对地分支电阻　　　　D. 平衡电阻和对地绝缘电阻

阅读下图，回答 63～65 题。

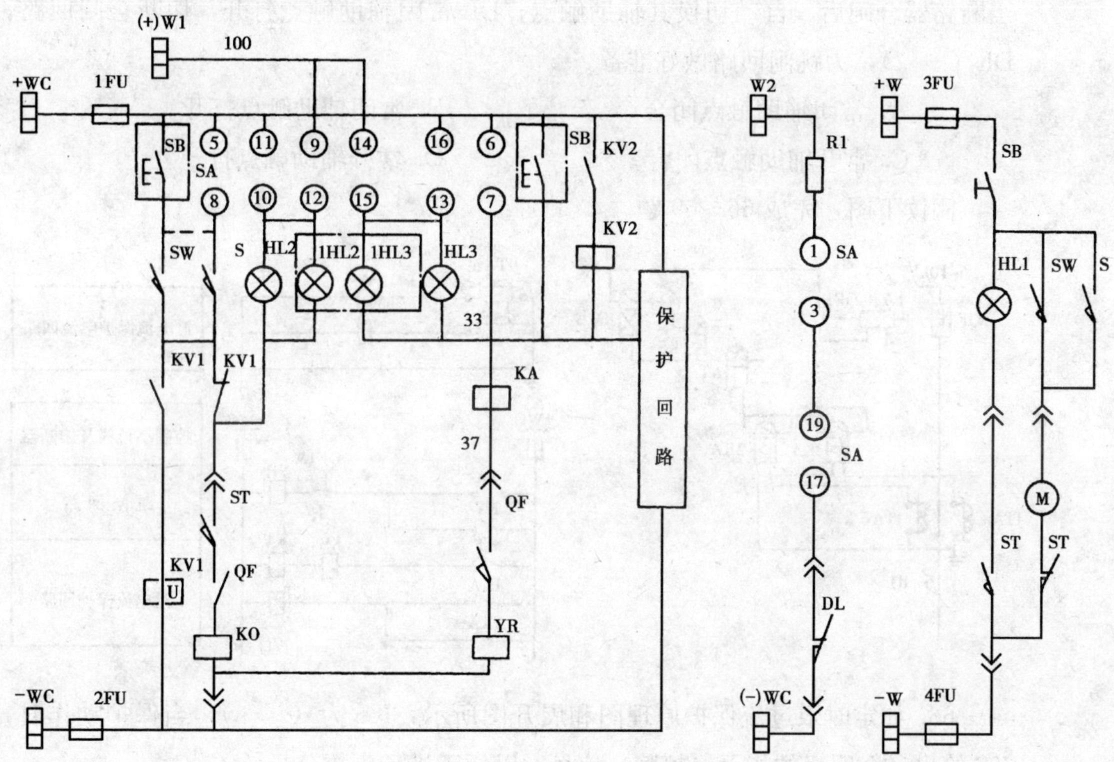

63. 如手车式开关柜配用 CT8 型弹簧机构断路器电气控制回路原理图所示，当断路器处于试验（运行）位置，断路器位置开关常开接点 SW（或 YW）及行程开关 ST（　　）。

A. 常开接点接通　　　　B. 常闭接点接通

C. 常闭接点断开　　　　D. 常开接点断开

64. 如手车式开关柜配用 CT8 型弹簧机构断路器电气控制回路原理图所示，合闸弹簧完成储能后，行程开关 ST 常开接点被闭合，机构如果处于分闸位置，则其（　　）。

A. 常开辅助触点闭合　　B. 常闭辅助触点打开

C. 常闭辅助触点闭合　　D. 常开辅助触点打开

65. 如手车式开关柜配用 CT8 型弹簧机构断路器电气控制回路原理图所示，当断路器合闸后，自动切换其辅助触点，DL 常闭辅助触点打开，切断合闸回路，DL（　　），为跳闸回路做好准备。

A. 常闭辅助触点闭合　　B. 常闭辅助触点打开

C. 常开辅助触点闭合　　D. 常开辅助触点打开

阅读下图，完成 66～69 题。

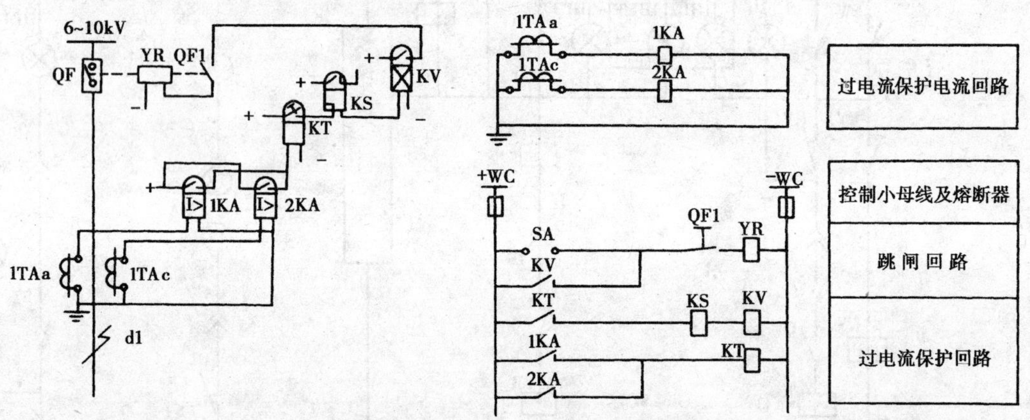

66. 如定时限过流保护原理图和展开图所示，KS 为（　　），当保护动作时，KS 给出一个明显的指示（掉牌）信号，以便于进行事故分析。

A. 计数继电器　　B. 缓冲继电器

C. 信号继电器　　D. 中间继电器

67. 如定时限过流保护原理图和展开图所示，QF1 为（　　）。

A. 继电器操作机构的辅助接点　　B. 断路器保护机构的辅助接点

C. 断路器操作机构的辅助接点　　D. 断路器操作机构的主接点

68. 如定时限过流保护原理图和展开图所示，当线路 d1 点发生短路时，流过线路的电流剧增，当电流达到（　　）时，继电器就动作，保护装置启动。

A. 电流继电器 $1TA_a$、$1TA_c$ 的额定值

B. 电流断路器 $1TA_a$、$1TA_c$ 的额定值

C. 电流继电器 $1TA_a$、$1TA_c$ 的整定值

D. 电流断路器 $1TA_a$、$1TA_c$ 的整定值

69. 如定时限过流保护原理图和展开图所示，当线路 d1 点发生短路时，流过线路的电流剧增时，（　　），接通时间继电器 KT 线圈，经过一段延时，接通中间继电器 KV，其接点将断路器的跳闸线圈 YR 接通，于是断路器跳闸，将故障排除。

A. 过流继电器的接点闭合　　B. 过压继电器的接点闭合

C. 过流继电器的接点打开　　D. 过压继电器的接点打开

阅读下图，回答 70～74 题。

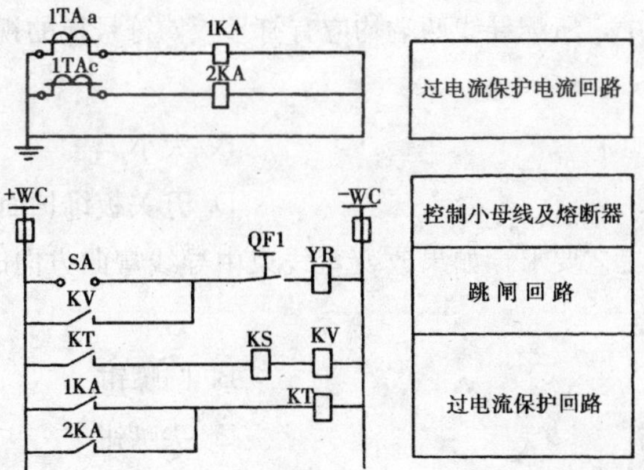

70. 过电流保护装置回路中的元件包括：KT 为时间继电器、KS 为（　　）、KV 为中间继电器、1KA 和 2KA 为过流继电器。

A. 指示继电器　　B. 信号继电器

C. 显示继电器　　D. 计数继电器

71. 高低压电器二次配线要求是整齐、清晰、美观，导线绝缘应（　　）。

A. 任意选线　　B. 为白色

C. 绝缘电阻<1 Ω　　D. 良好，无损伤

72. 高低压电器二次配线要求是电流回路采用电压不低于 500 V 的铜芯绝缘导线，其截面为 2.5 mm^2，其他回路截面为（　　）。

A. 2.5 mm^2　　B. 1.5 mm^2

C. 0.5 mm^2　　D. 任意线径

73. 用于连接可动部分的电器元件导线应采用多股铜绞线，过门线两端用（　　）固定在柜体弯板上。

A. 多股铜绞线　　B. 过门线

C. 螺旋缠绕管　　D. 线卡

74. 多股铜绞线在与（　　）接点连接时，二次线端应绞紧并加终端附件（线鼻子或冷压端头）或搪锡，线芯不得有松散或断股现象。

A. 过门线　　B. 电器元件

C. 线芯　　D. 线卡

75. 二次配线中，所配导线两端均应有符号板，符号板的视读方向在装配位置以（　　）为准。

A. 视读方向　　B. 大小

C. 编号　　D. 开关板维护面

76. 二次配线工艺要求，如果改变弯线束中导线弯曲方向时，不得用（　　）等工具。

A. 手　　B. 圆嘴钳

C. 老虎钳　　D. 尖嘴钳

77. 线束穿越金属孔或在过门处、转角处，应在线束穿越部分套橡胶圈或缠胶带，过门处胶带要求缠 2～3 层，长度应为（　　）。

A. 20 mm　　B. 40 mm

C. 视情况而定　　D. 任意

78. 二次回路带电体与金属骨架间的（　　）不应小于 4 mm。

A. 漏电距离　　B. 导线长度

C. 电气间隙　　D. 导线位置

79. 线束对一次带电体的距离要求为额定电压为 40.5 kV 时，距离为（　　）mm。

A. 150　　B. 300

C. 100　　D. 75

80. 对于接点采用焊接连接的元器件应将二次线应用烙铁直接焊接，避免采用（　）方式。

A. 元器件焊接　　B. 间接螺栓连接

C. 二次线焊接　　D. 焊锡焊接

81. 在母线上接二次线时，导线芯与母线之间（　），并且在同一侧最多接两根导线。

A. 加绝缘片　　B. 不加绝缘片

C. 加垫片　　D. 不加垫片

82. 在机床运行时，正确的操作是（　）。

A. 允许短时离开工作岗位

B. 可隔着机床转动部分传递工具

C. 工作台上可放量具

D. 发现异常情况，必须停车，请有关人员检修

83. 所有螺钉紧固件，必须加弹垫、平垫后进行紧固，紧固后螺钉露出（　）圈螺纹。

A. 1～2　　B. ＞6

C. ＜8　　D. 2～5

84. 各接地点处不得有漆或锈斑，应将接地表面（　）后，涂一层凡士林后再装上接线头和紧固件。

A. 涂防腐剂　　B. 打孔

C. 清理干净　　D. 搪铝

85. 装配“三防”产品时，应按“三防”要求正确使用“三防”件，包括导线、软连接及柜体标牌、线鼻子、冷压端头等附件，施工时（　）或干净的线手套。

A. 戴绝缘手套　　B. 穿绝缘鞋

C. 穿静电服　　D. 戴“三防”手套

86. 二次回路有截面大于 4 mm^2 的导线时，导线选择按串联回路中电器元件（熔断器的熔丝和热元件除外）的（　　）选择导线截面。

A. 最大额定电流　　B. 最大额定电压

C. 最小额定电流　　D. 最小额定电压

87. 当所装配的元件上有保护接地点时，应将其接地点接一根截面（　　）mm^2 黄绿相间双色铜绞线，并将其接到柜体牢固的接地点处。

A. 2　　B. 1.5

C. 2.5　　D. 4

88. 当工程要求电流及电压回路二次导线采用大于 4 mm^2 截面的导线时，电流互感器及电压互感器上的二次线要求采用（　　）。

A. 铝导线　　B. 铜排

C. 单股铜导线　　D. 多股铜绞线

89. 导线与电器元件采用螺栓连接、插接、焊接等形式连接均应（　　）。

A. 美观、整齐　　B. 固定在支撑板上

C. 加终端附件　　D. 牢固可行

90. 根据产品的技术条件把电器产品的各种零件和部件，按照一定的程序和方式结合起来的工艺过程称为（　　）。

A. 生产工艺　　B. 加工工艺

C. 制造工艺　　D. 装配工艺

91. 装配精度是保证电器产品性能的一个重要因素，而装配精度与零部件的精度有着（　　）联系。

A. 密切的、外在的　　B. 必要的、内在的

C. 密切的、必要的　　D. 密切的、内在的

92. 零件的表面与表面间、中心线与中心线间、零件与零件之间相互距离或偏转位置（　　），构成尺寸链。

A. 尺寸公差　　B. 公差组合

C. 位置公差　　D. 封闭形式的尺寸组合

93. 在电器装配过程中，常常见到一些相互联系的尺寸，而这些相互联系的尺寸，按一定顺序连接成（　　），叫做装配尺寸链。

A. 开放的形式　　B. 相互影响的形式

C. 封闭的形式　　D. 顺序形式

94. 分析尺寸链的基本任务是：根据装配图查明影响装配精度和电磁性能的有关零件尺寸，并计算出这些（　　），以保证电器的装配精度和物理性能。

A. 环　　B. 尺寸

C. 加工的公差　　D. 尺寸的公差

95. 查尺寸链的顺序时应首先明确封闭环，它是有关零部件装配过程中（　）。

A. 开始形成的环节　　B. 工艺环节

C. 最后形成的工艺　　D. 最后形成的环节

96. 解尺寸链是根据（　　）的要求，确定构成尺寸链各环的公称尺寸和公差(偏差)，叫做正计算。

A. 构造上或工艺上　　B. 构造上或加工上

C. 设计上或工艺上　　D. 设计上或加工上

97. 在电器制造中常用的装配方式有 4 种，即完全互换法装配、修配法装配、（　）、调整法装配。

A. 复合选配法　　B. 可动调整法

C. 选择法装配　　D. 固定调整法

98. 完全互换法装配对零件的（　　）要求较高。

A. 加工、外形　　B. 加工精度

C. 装配精度　　D. 性能

99. 按修配法装配时，需修配尺寸链中（　　），以保证封闭环所需要的精度要求。

A. 所有组成环的尺寸　　B. 某一精度

C. 某一组成环的尺寸　　D. 某一公差的尺寸

100. 选择法装配是将（　　）放大到经济可行的程度，装配时必须选择合适的零件进行装配，以保证规定的装配技术要求。

A. 尺寸链中组成环公差　　B. 尺寸链中组成环尺寸

C. 尺寸链公差　　D. 某个零件公差

101. 调整法装配是用调整某一预定环的位置或尺寸厚度等的方法以保证封闭环的精度，或者是满足技术条件中所规定的（　　）。

A. 物理性能　　B. 装配性能

C. 工艺性能　　D. 电气性能

102. 可动调整法装配是在装配尺寸链中，选定一个或几个零件作为调整环，根据封闭环的精度和电气性能要求，改变（　　），以保证封闭环的精度和电气性能要求。

A. 尺寸链的位置　　B. 调整环的要求

C. 调整环的位置　　D. 调整环的角度

103. 固定调整法装配是在装配尺寸链中，选定（　　）作为调整环，根据封闭环的精度和电气性能要求来确定其尺寸，以保证封闭环的精度要求。

A. 一个或几个部件　　B. 一个或几个零件

C. 一个或几个尺寸　　D. 一个或几个基准

104. 完全互换法适用于大批量生产中，装配精度要求高而（　　）的装配，或装配精度要求不高的多环尺寸链的装配。

A. 尺寸链环数较多　　B. 尺寸链环数较少

C. 调整环较少　　D. 调整环较多

105. 修配法生产效率低适用于装配那些（　　）、尺寸链组成环数多的产品。

A. 加工困难　　B. 加工精度不高

C. 精度要求高　　D. 精度无要求

106. 装配工艺规程是指导整个装配工作顺利进行的（　　），包含五个方面的内容。

A. 标准文件　　B. 加工文件

C. 管理文件　　　　　　　　　　　D. 技术文件

107. 装配工艺规程内容包括根据装配图分析尺寸链、根据生产规模合理划分装配单元、确定装配方法、安排装配顺序、（　　）等。

A. 划分加工工艺、编制装配工艺流程图、工艺程序卡片

B. 划分装配工艺、编制装配规程、工艺程序卡片

C. 划分装配工序、编制加工工艺文件、装配工艺文件

D. 划分装配工序、编制装配工艺流程图、工艺程序卡片

108. 有关高压开关设备的国家标准是 GB 3906—1991《3～35 kV 交流金属封闭开关设备》和（　　）。

A. GB/T 14048—2000《高压开关设备和控制设备标准的共同技术要求》

B. GB/T 1497—1985《高压开关设备和控制设备标准的共同技术要求》

C. JB/T 11022—1999《高压开关设备和控制设备标准的共同技术要求》

D. GB/T 11022—1999《高压开关设备和控制设备标准的共同技术要求》

109. 有关高压电器的国家标准是 GB 1984—1989《交流高压断路器》和 JB 3855—1996（　　）。

A.《3.6～4.5 kV 户内交流高压真空断路器》

B.《36～40.5 kV 户内交流高压真空断路器》

C.《3.6～40.5 kV 交流真空断路器》

D.《3.6～40.5 kV 户内交流高压真空断路器》

110. ZN63A（VS1）断路器型式试验项目不含（　　）项。

A. 主回路电阻测量　　　　　　　　B. 机械特性试验

C. 结构检查　　　　　　　　　　　D. 失步关合和开断试验

111. ZN63A（VS1）断路器的出厂检验项目不含（　　）项。

A. 机械特性试验　　　　　　　　　B. 主回路电阻测量

C. 绝缘测试　　　　　　　　　　　D. 动、热稳定试验

112. ZN63A（VS1）断路器触头开距为（　　）mm。

A. 8±0.5　　　　　　　　　　　　B. 11±1

C. 210±0.5　　　　D. 1.1±0.2

113. ZN63A（VS1）断路器超行程为（　）mm。

A. 8±0.5　　　　B. 1.1±0.2

C. 20±0.5　　　　D. 3±0.5

114. ZN63A（VS1）断路器相间中心距离为（　）mm。

A. 3±0.5　　　　B. 180±1

C. 210±0.5　　　　D. 1.1±0.2

115. ZN63A（VS1）断路器三相分闸不同期性为（　）ms。

A. 4　　　　B. ≥2

C. >4　　　　D. ≤2

116. ZN63A（VS1）断路器操作电压为最低值时，分闸时间为（　）ms。

A. 55^{+10}_{-15}　　　　B. 40^{+10}_{-15}

C. 50^{+10}_{-15}　　　　D. 35^{+10}_{-15}

117. ZN63A（VS1）断路器平均合闸速度为（　）m/s。

A. 1.1±0.2　　　　B. 1.8±1

C. 3±0.5　　　　D. 0.6±0.2

118. ZN63A（VS1）断路器在规定的操作电压下，连续正确、可靠分、合闸各50次，其中在额定操作电压下，进行“分闸—0.3 s—合闸—分闸”操作（　）次。

A. 10　　　　B. 15

C. 25　　　　D. 5

119. ZN63A（VS1）断路器在进行机械操作试验时应手动合、分闸各（　）次，断路器应正常动作。

A. 5　　　　B. 5、3

C. 3、5　　　　D. 3

120. ZN63A（VS1）断路器在进行机械操作试验时，对储能电动机分别施以85%和110%额定电压，在断路器合闸状态下各进行（　）次储能操作，储能应正常。

A. 3　　　　B. 15

C. 10　　　　D. 5

121. ZN63A（VS1）断路器在进行机械寿命试验时，操作电压为（　）时，合闸—15 s—分闸—15 s，操作 1 000 次。

A. 25％额定值　　　　B. 30％额定值

C. 50％额定值　　　　D. 100％额定值

122. 机械寿命试验的每一试验循环进行分、合闸 4 000 次，共 5 个循环 20 000 次。每一试验循环中除润滑外，不得对产品进行任何（　）。

A. 机械加工　　　　B. 机械维修

C. 电气调整　　　　D. 机械调整

123. ZN63A（VS1）断路器在进行长期工作时的发热试验时，断路器载流部分发热试验的方法和要求按（　）规定执行。

A. GB 1984—1989　　　　B. GB 3309—1989

C. GB/T 11022—1999　　　　D. JB 3855—1996

124. 长期工作发热试验中，断路器载流部分发热试验的方法和要求按 GB/T 11022—1999 规定进行；断路器操作机构的载流元件及附加设备发热试验的方法和要求按 GB 1984—1989 规定，真空灭弧室载流部分温升（　）。

A. 不作检验　　　　B. 按国家规定

C. 按规定检验　　　　D. 不作规定

125. ZN63A（VS1）断路器在进行绝缘试验时，在额定短路开断电流开断次数试验前、后，其相间、对地应耐受 42 kV 工频试验电压 1 min 和（　）正、负极性全波雷电冲击试验电压。

A. 25 kV　　　　B. 42 kV

C. 35 kV　　　　D. 75 kV

126. ZN63A（VS1）断路器在进行绝缘试验时，操动机构线圈及控制回路，联动和信号电路各元件的绝缘，应能耐受按（　）规定的工频试验电压。

A. GB/T 11022—1999　　　　B. GB/T 16927. 2—1997

C. GB 3309—1989　　D. GB 1984—1989

127. 断路器动、热稳定试验中，4 s 热稳定电流试验在（　　）下进行，额定动稳定电流在 63 kA（峰值）下进行。

A. 20 kA　　B. 25 kA

C. 15 kA　　D. 30 kA

128. 额定短路电流开断电流、关合能力试验，共包括五种试验方式。前三种分别以（　　）开断电流进行试验。

A. 10％、30％、60％额定短路电压

B. 10％、30％、60％额定短路电压

C. 10％、50％、60％额定短路电压

D. 10％、50％、60％额定短路电压

129. ZN63A（VS1）断路器在进行额定短路开断电流、关合能力试验时，应按 GB 1984—1989 规定共包括五种试验方法，其中前四种试验方式，开断电流的直流分量不得超过（　　）额定短路开断电流。

A. 25％　　B. 10％

C. 30％　　D. 20％

130. 断路器的结构检查在产品零部件装配调整后进行，应符合规定程序批准的（　　）要求。

A. 程序和文件　　B. 图样和程序

C. 标准和规定　　D. 图样和文件

131. DL－20C 系列电流继电器电流整定范围为（　　）A。

A. 630　　B. 0.08～30

C. 30～200　　D. 0.012 5～200

132. DZ－30B 系列中间继电器的动作电压不大于额定电压的 70％，不小于额定电压的（　　）。

A. 20％　　B. 15％

C. 30％　　D. 35％

133. DL—20C 系列电流继电器在 1.1 倍电流整定时，动作时间不大于 0.12 s，在（ ）倍电流整定时，动作时间不大于 0.04 s。

A. 1.1　　B. 1.8

C. 2　　D. 3

134. DZ—30B 系列中间继电器，在电压 220 V 以下的交流电路中，触点断开容量（ ）VA。

A. 100　　B. 150

C. 250　　D. 200

135. CJ35—40 交流接触器机械寿命（ ）万次。

A. 60　　B. 1 000

C. 800　　D. 300

136. ZN63A（VS1）—12/1250—31.5 真空断路器额定短路关合电流峰值为（ ）kA。

A. 30　　B. 31.5

C. 50　　D. 100

137. ZN63A（VS1）—12/1250—31.5 真空断路器额定热稳定电流有效值为（ ）kA。

A. 27.3　　B. 100

C. 1 250　　D. 31.5

138. ZND—40.5/2000—31.5 断路器额定电流为（ ）A。

A. 1 250　　B. 2 000

C. 31.5　　D. 42

139. ZND—40.5/2000—31.5 断路器额定短路时耐受电流有效值为（ ）kA。

A. 27.3　　B. 100

C. 1 250　　D. 31.5

140. 交流高压断路器正常使用时海拔高度不超过（ ）m。

A. 800　　B. 1 500

C. 1 200　　D. 1 000

141. ZN63A（VS1）断路器辅助开关触点数为（　　）对。

A. 7　　B. 8

C. 9　　D. 10

142. 下列（　　）属于低压开关电器。

A. 隔离开关　　B. 电抗器

C. 避雷器　　D. 启动器

143. 高压电器中常采用的灭弧装置有（　　）。

A. 简单开断

B. 引弧角和磁吹线圈

C. 绝缘栅片灭弧装置

D. 磁吹灭弧装置

144. 在测试中，（　　）会造成测量误差。

A. 装配尺寸误差　　B. 加工尺寸误差

C. 计量器具误差　　D. 零件热处理

145. 电气测量又称电磁测量，但是不属于电测量范围的是（　　）。

A. 电感　　B. 电流

C. 磁导率　　D. 功率

146. 电气测量又称电磁测量，不属于磁测量范围的有（　　）。

A. 磁势　　B. 涡流损耗

C. 磁导率　　D. 介质损耗角

147. 在电气测量过程中，（　　）会造成电气测量误差。

A. 零件磨损

B. 加工误差

C. 性能误差

D. 测量者感觉器官不灵敏

148. 包含疏忽误差的数据舍弃不用，可以消除（　　）。

A. 偶然误差　　B. 相对误差

C. 系统误差　　D. 疏忽误差

149. 局部放电的特点是（　　）。

A. 局部性　　B. 对称性

C. 延迟性　　D. 可测量性

150. 绘制零件草图时，画出零件外部和内部结构形状；测量尺寸、（　　）记入图中。

A. 外购要求

B. 标准件

C. 测绘过程

D. 尺寸数字及技术要求

151. 电气工程图的组成一般包括：首页、电气系统图、平面布置图、电气原理接线图、（　　）。

A. 设备布置图、设备接线图和大样图

B. 设备布置图、安装接线图和附图

C. 系统布置图、安装接线图和维修图

D. 设备布置图、安装接线图和大样图

152. 电气原理接线图是表现某一具体设备或系统的电气工作原理的图样，用以指导具体设备与系统的安装、接线、（　　）。

A. 制造、加工与维护

B. 加工、使用与维护

C. 调试、加工与维护

D. 调试、使用与维护

153. 画零件工作图底稿时，要（　　），填写标题栏。

A. 标注尺寸　　B. 填写材料单

C. 填写工艺要求　　D. 填写技术要求

154. （　　）的交线称为相贯线。

A. 平面与平面　　B. 曲面与平面

C. 曲面与曲线　　D. 曲面与曲面

155. 测绘是一件复杂而细致的工作，其主要工作是分析机件的结构形状，画出图形；准确测量，注出尺寸；（　　）。

A. 合理安排绘图步骤

B. 正确使用测量工具

C. 掌握正确测量方法

D. 合理制定技术要求

156.（　　）包括长、宽、高三个方向的直线尺寸，以及倾斜方向上的两点距离等。

A. 零件上直线长度　　B. 回转面直径

C. 零件壁厚　　D. 孔距

157. 在进行孔距测量时，当两孔直径相同时，可用（　　）通过连心线或平行连心线，在两孔圆周的对应点间直接测量出孔距尺寸。

A. 游标卡尺　　B. 钢直尺

C. 千分尺　　D. 内卡钳

158. 测量（　　）一般用专门量仪或拓印法、铅线法、坐标法等。

A. 曲线或曲面　　B. 直线或曲线

C. 平面或曲线　　D. 平面或曲线

159. 电器制造工艺的特点表明大多数电器零件的加工方法主要采用切削加工、压力加工等（　　）。

A. 电器加工工艺　　B. 成套加工工艺

C. 非金属加工工艺　　D. 金属加工工艺

160. 在装配 KYN28C－12 开关柜完毕后，应进行（　　），使装配达到国家规定的标准及有关验收规范。

A. 调试、尺寸测量、机械结构调整、包装

B. 验收、参数测量、电器结构调整、清洗

C. 调试、参数测量、机械结构调整、清洗

D. 检查、参数测量、机械结构调整、包装

得分	
评分人	

二、判断题（第 161 题～第 200 题。将判断结果填入括号中。正确的填“√”，错误的填“×”。每题 0.5 分，满分 20 分。）

161.（　）职业道德具有自愿性的特点。

162.（　）在市场经济条件下，克服利益导向是职业道德社会功能的表现。

163.（　）市场经济条件下，应该树立多转行多学知识多长本领的择业观念。

164.（　）欧姆定律表示通过电阻的电流与电阻两端所加的电压成正比，与电阻成正比。

165.（　）高压一次设备在户内使用且额定电压 6 kV 时，带电部分至接地部分的最小空气绝缘距离为 300 mm。

166.（　）安全操作规程要求高空作业时应注意检查硬底鞋绝缘情况。

167.（　）使用风动工具时，风动工具的传动部位不需加注润滑油。

168.（　）电力设施的运行与电气安装、维修可自行进行。

169.（　）装配 ZN28－12 真空断路器真空灭弧室时使用的量具主要有两种，即游标卡尺和钢直尺。

170.（　）电工刀用来切削电线、电缆绝缘、绳索、木销和软性金属。

171.（　）为了分析废品产生的原因，一般采用单项测量的方法；为了及时地发现废品，控制加工过程应采取多项测量。

172.（　）温度对测量的影响不大，有绝热装置的量具、量仪在测量时应拿住绝热装置部分。

173.（　）合金钢属于黑色金属。

174.（　　）浸渍漆主要用来浸渍电机、电器和变压器的线圈和绝缘零部件，以填充其间隙和微孔，提高其电器和力学性能。

175.（　　）永磁材料主要用作传递、转换能量和信息的磁性零部件或器件。

176.（　　）ZN63A（VS1）真空断路器机构装置图（见下图）中，机构装置包括分闸单元、合闸单元和传动单元三部分。

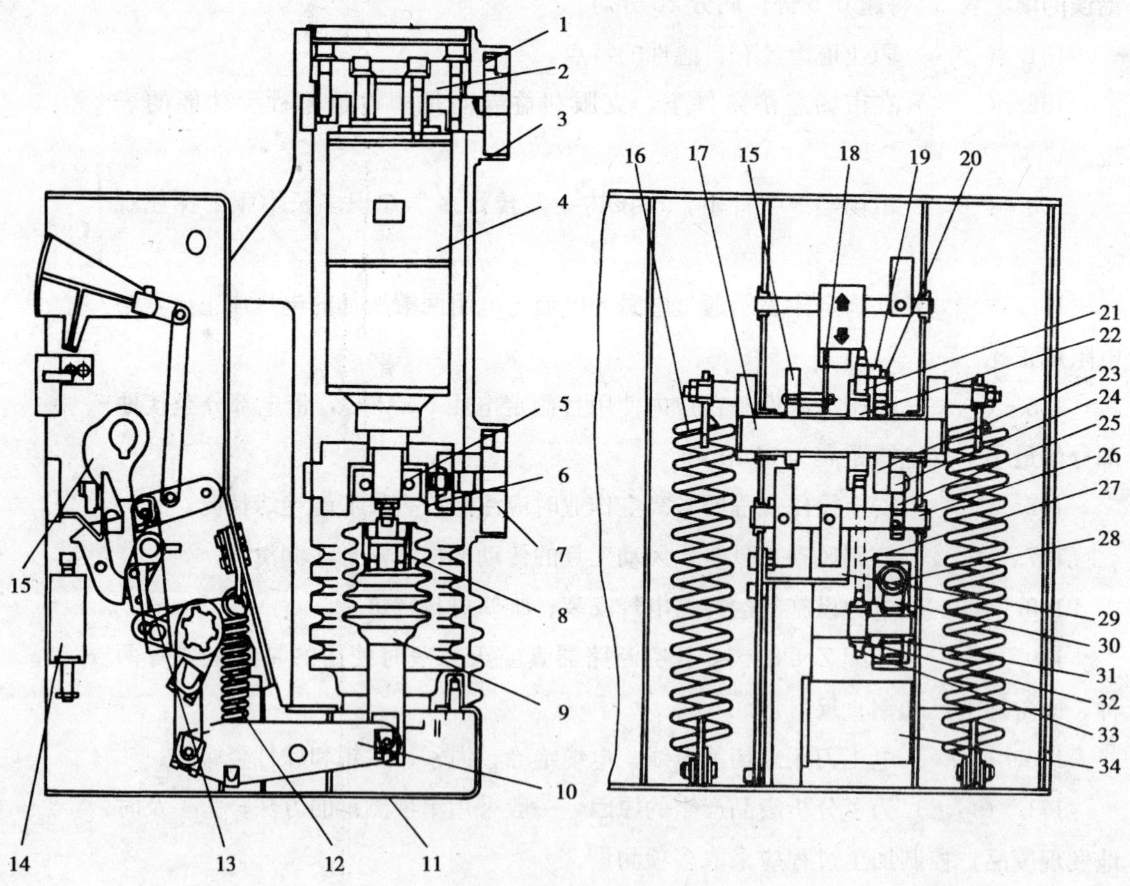

177.（　　）能发信号直流绝缘监视装置原理图（见下图）中，正常时母线2极对地绝缘电阻相等。

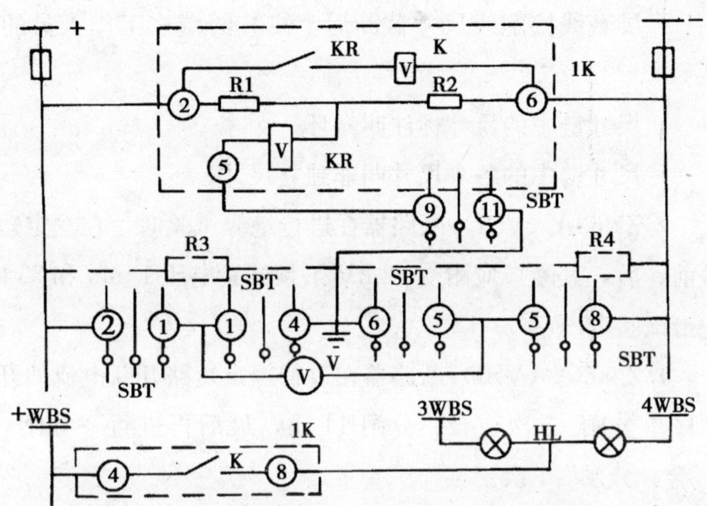

178.（　　）手车式开关柜配用 CT8 型弹簧机构断路器电气控制回路原理图（见下图）中，当控制开关 SA 手把顺时针方向转动 90°至“预备合闸”位置，且绿灯闪光，控制开关 SA 手把再顺时针方向转动 45°至“合闸”位置，即可合闸。

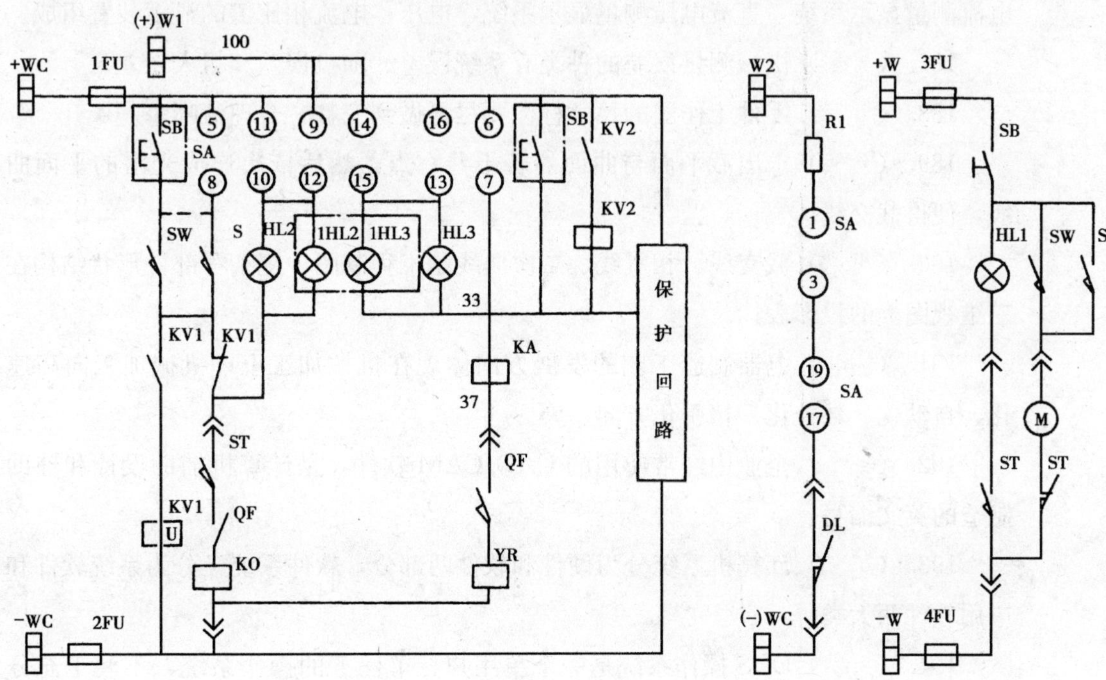

179.（　　）屏蔽线按配线尺寸截断后，线芯两端按工作人员的指示要求执行。

180.（　　）尺寸链中的尺寸标注叫做环。

181.（　　）尺寸链中的各个尺寸叫非独立尺寸。

182.（　　）ZN63A（VS1）断路器在进行绝缘试验时，在额定短路开断电流开断次数试验前、后，其断口应耐受 42 kV 工频试验电压 1 min 和 75 kV 正、负极性全波雷电冲击试验电压。

183.（　　）ZN63A（VS1）断路器在进行额定短路开断电流的开断次数试验时，按操作顺序单分闸 13 次，合、分闸 11 次，最后再进行“分闸—0.3 s—合、分闸—180 s—合、分闸”1 次。

184.（　　）开合电容器组试验按 GB 1984—1989 规定进行。

185.（　　）CJ35－40 交流接触器的额定电压为 660 V。

186.（　　）回路电阻测量仪的结构是由产生直流电流 50 A 的电流源，直流电流测量显示系统，直流电压测量显示系统，电压、电流相比值的显示装置组成。

187.（　　）机械测量误差的种类有系统误差、随机误差和粗大误差。

188.（　　）零件工作图的尺寸标注要尽量做到完整、合理清晰。

189.（　　）求出截平面与曲面的若干共有点，然后依次连成光滑的平面曲线，便得截交线。

190.（　　）截交线、相贯线、二次曲线是工程制图中复杂零部件形状结构在三维视图上的投影表达。

191.（　　）电器制造工艺的发展方向体现在机械加工上，机械加工向高速化、自动化、数控化、精密化方向发展。

192.（　　）企业中经常使用的 CAD/CAM 软件，是计算机辅助设计和辅助制造的英文缩写。

193.（　　）计算机系统分为硬件和软件两部分，软件系统又分为系统软件和应用软件两大类。

194.（　　）DOS 操作系统是一个单用户、单任务的操作系统，不利于充分发挥计算机的潜能。

195.（ ）Windows 2000 软件通过界面实现人机对话。

196.（ ）计算机局域网覆盖范围一般局限在城市间、城际间、国际区域间。

197.（ ）TCS－ERP 系统模块难与工厂现有的其他系统（CAD/CAPP/PDM/财务）间实现集成。

198.（ ）ZN28 断路器系统原理图是在断路器装配中，采用的主要工序的依据。

199.（ ）ZN63A（VS1）断路器的调试操作，机械传动试验的操作电压应按 GB/T 11022—1999 的规定。

200.（ ）某些量具、量仪测量前应校零。

高级高低压电器装配工 理论知识模拟试卷答案

一、单项选择题

1. B	2. C	3. B	4. C	5. A	6. A	7. C	8. B
9. A	10. C	11. D	12. D	13. C	14. A	15. C	16. D
17. B	18. C	19. C	20. B	21. D	22. D	23. B	24. C
25. C	26. C	27. C	28. B	29. D	30. D	31. C	32. D
33. D	34. D	35. C	36. D	37. D	38. C	39. B	40. C
41. A	42. A	43. D	44. C	45. C	46. D	47. C	48. B
49. D	50. D	51. C	52. C	53. C	54. B	55. C	56. D
57. D	58. A	59. A	60. D	61. A	62. D	63. B	64. C
65. C	66. C	67. C	68. C	69. A	70. B	71. D	72. B
73. D	74. B	75. D	76. D	77. B	78. C	79. B	80. B
81. D	82. D	83. D	84. C	85. D	86. A	87. B	88. D

89. D　90. D　91. D　92. D　93. C　94. D　95. D　96. A
97. C　98. B　99. C　100. A　101. D　102. C　103. B　104. B
105. C　106. D　107. D　108. D　109. D　110. C　111. D　112. B
113. D　114. C　115. D　116. C　117. D　118. D　119. D　120. D
121. D　122. D　123. C　124. D　125. D　126. D　127. B　128. B
129. D　130. D　131. D　132. C　133. C　134. C　135. C　136. D
137. D　138. B　139. D　140. D　141. D　142. D　143. D　144. C
145. C　146. D　147. D　148. D　149. A　150. D　151. D　152. D
153. D　154. D　155. D　156. A　157. B　158. A　159. D　160. C

二、判断题

161. ×　162. ×　163. ×　164. ×　165. ×　166. ×　167. ×　168. ×
169. √　170. √　171. ×　172. ×　173. √　174. √　175. ×　176. √
177. √　178. √　179. ×　180. ×　181. ×　182. √　183. √　184. ×
185. ×　186. √　187. √　188. ×　189. √　190. √　191. √　192. √
193. √　194. √　195. √　196. ×　197. ×　198. ×　199. ×　200. √

第三篇

操作技能考核复习指导

CAOZUO JINENG KAOHE FUXI ZHIDAO

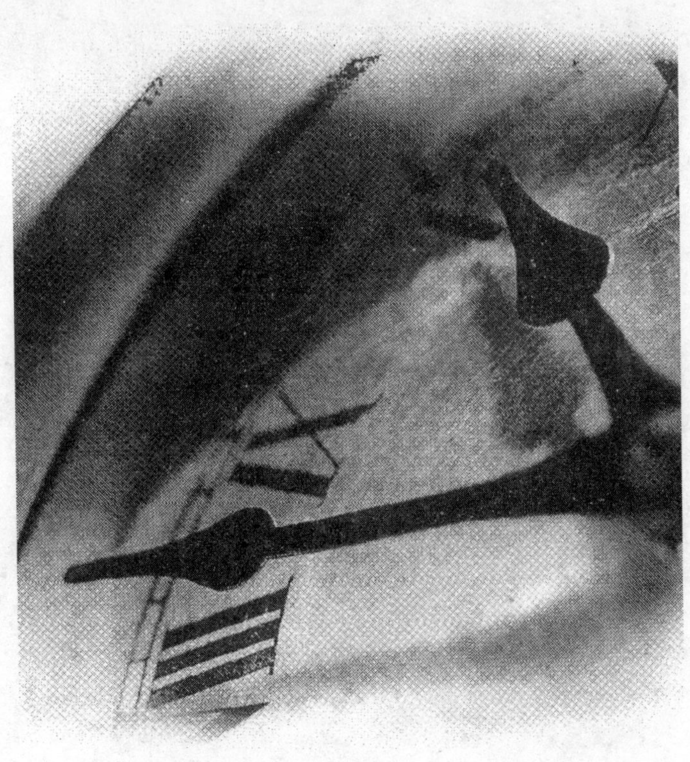

第八部分

操作技能考核解读

操作技能考核试卷构成

操作技能考核有多种考核方式。本职业高级操作技能考核采用实际操作题型，共1题（详见考核内容结构表）。

职业技能鉴定国家题库操作技能试卷一般由以下3部分内容构成：

1. 操作技能考核准备通知单

分为鉴定机构准备通知单和考生准备通知单。在考核前分别发给考核现场和考生。内容为考核所需场地、设备、材料、工具及其他准备要求。

2. 操作技能考核试卷正文

内容为操作技能考核试题，包括试题名称、试题分值、考核时间、考核形式、具体考核要求（如技术标准、图表、图样等考核应达到的结果要求）等。

3. 操作技能考核评分记录表

内容为操作技能考核试题配分与评分标准，用于考评员评分记录。主要包括各项考核内容、考核要点、配分与评分标准、否定项及说明、考核分数加权汇总方法等。必要时包括总分表，即记录考生本次操作技能考核所有试题成绩的汇总表。

操作技能考核时间和考核要求

◉ 操作技能考核的考核时间

按《国家职业标准》要求，本职业高级操作技能考核时间为 360 min。

◉ 操作技能考核的基本要求

1. 按试卷中具体考核要求进行操作。

2. 考生在操作技能考核过程中要遵守考场纪律，执行操作规程，防止出现人身和设备安全事故。

操作技能考核试卷生成方式

职业技能鉴定国家题库一般有以下 3 种试卷生成方式：

1. 计算机自动生成试卷。计算机程序按照该职业的操作技能考核内容结构表和操作技能鉴定要素细目表的结构特征，用统一的组卷模型，自动选取鉴定范围和鉴定点，从题库中抽取相应的试题，组成试卷。

2. 人工干预计算机组卷。根据本职业本等级操作技能考核内容，由人工选定鉴定范围、鉴定点和试题，并由计算机按照国家题库组卷模型进行组合，形成试卷。

3. 特殊要求组卷。若题库中没有满足本次鉴定要求的试题，专家根据本职业鉴定要求命制新试题。

本职业本等级操作技能考核试卷的生成方式为计算机自动生成试卷。

第九部分

操作技能考核要素

操作技能考核内容结构表

◉ 操作技能考核内容结构表说明

操作技能考核内容结构表中列出了高级高低压电器装配工的考核内容、选考方式、考核总体时间等内容。依据考核内容结构表，考核时任选一项，鉴定比重为100%，考试时间为360 min。

◉ 操作技能考核内容结构表

高级高低压电器装配工操作技能考核内容结构表

鉴定范围 \ 鉴定要求	安装		合计
	电器安装	机械装配	
选考方式	任选一项		1项
鉴定比重（%）	100		100
考试时间（min）	360		360
考核形式	实操		—

操作技能鉴定要素细目表

◉ 操作技能鉴定要素细目表说明

1. 鉴定要素细目表是在考核内容结构表的基础上，列出了本级别具体要考核的内容。其中，“鉴定点”即为具体的考核内容，每个鉴定点都有重要程度指标，即鉴定点后标注的“X”“Y”“Z”。“X”表示“核心要素”，是考核中最重要、出现频率也最高的内容；“Y”表示“一般要素”，是考核中出现频率一般的内容；“Z”表示“辅助要素”，在考核中出现的频率较低。

2. 表中每个鉴定范围都有鉴定比重指标，它表示在一份试卷中该鉴定范围所占的分数比例。每个鉴定点中有若干道试题，它们有共性的考核要求、配分与评分标准，这些试题都是考生应当掌握的。在每次操作技能考核时，试卷是根据考核内容结构表的要求，在鉴定要素细目表的相关鉴定点中由计算机自动抽取或由专家人工选取1道试题组成的。

◉ 操作技能鉴定要素细目表

高级高低压电器装配工操作技能鉴定要素细目表

鉴定范围			鉴定点			
名称	鉴定比重（%）	选考方式	序号	名称	重要程度	试题量
电器安装	100	任选一项	1	真空断路器继电防跳保护和能发信号监视装置的安装、调试与测量	X	1
			2	断路器的安装、检测与调试	X	1
			3	手车式开关柜配用弹簧机构断路器控制回路的安装、调试与测量	X	1
			4	定时限过流保护装置的安装、测量与调试	X	1
机械装配			5	真空断路器的机械部分安装、调试与测量	X	1
			6	电流继电器的装配、测量与调试	X	1
			7	继电器的装配、测量与调试	X	1
			8	交流接触器的装配、测量与调试	X	1

第十部分

操作技能考核试题

鉴定范围 1　电器安装

【试题 1】ZN 型真空断路器继电防跳保护和能发信号监视装置的安装、调试与测量

1. 准备要求

(1) 设备准备

本题以 ZN63A 型真空断路器为标准编制，考场可依据本型号考核要求，任选一种 ZN 型真空断路器，并参考给出的图示（见图 10—1～图 10—3），准备真空断路器继电防跳保护和能发信号监视装置的相关零部件。其中信号指示元件、监视控制元件、各类变压器、断路器、开关、按钮、接触器、继电器、紧固件、接插件、线缆等根据图纸要求外购，需考核现场加工的零部件预备坯料或加工材料，其余零部件根据图纸准备。

(2) 装配准备

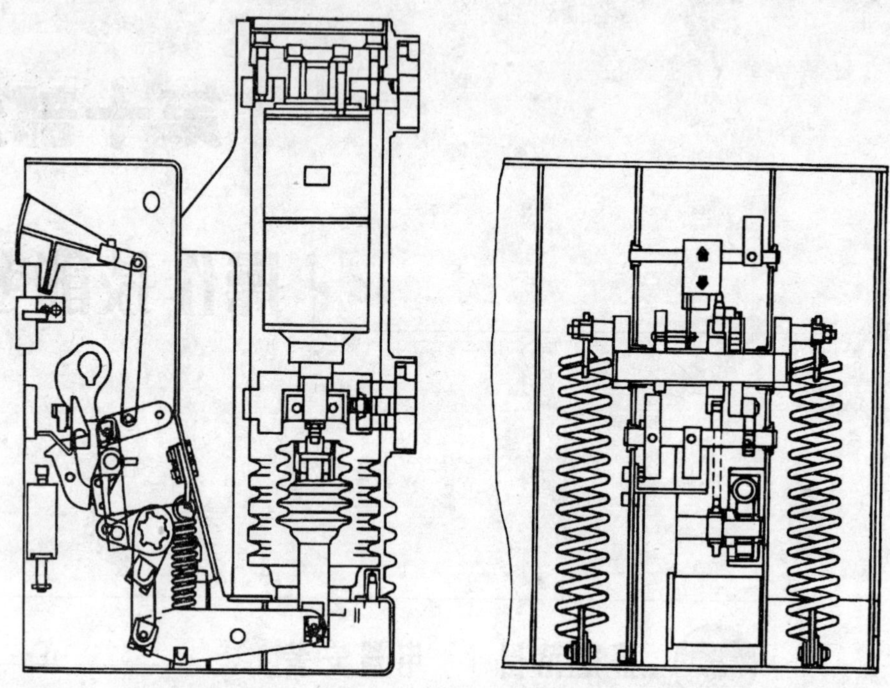

图 10—1　ZN63A 真空断路器机构装置图

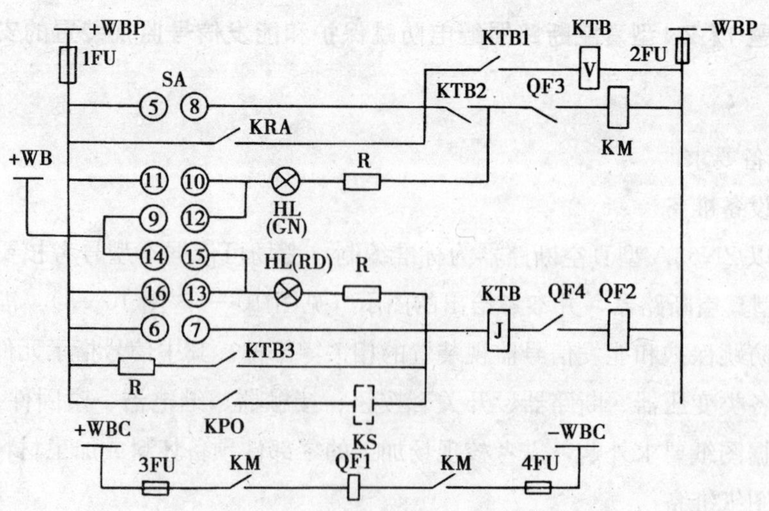

图 10—2　继电器防跳保护装置断路器典型控制回路

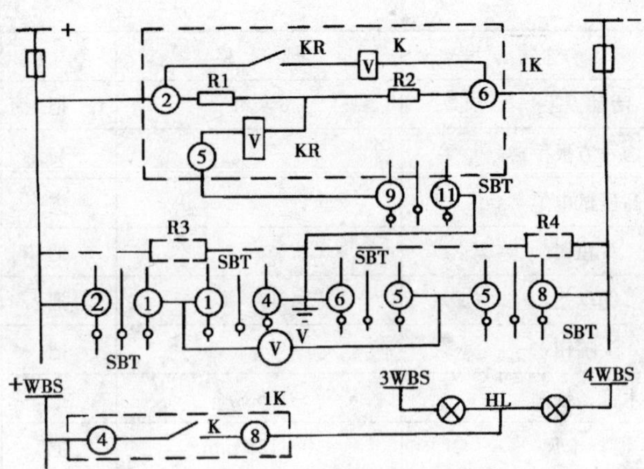

图 10—3　能发信号的直流绝缘监视图

序号	名　称	规　格	单位	数量	备注
1	一字旋具	300 mm、500 mm	把	各 1	
2	十字旋具	Ⅱ号、Ⅲ号、Ⅳ号	把	各 1	
3	活动扳手		把	1	
4	钢丝钳		把	1	
5	剥线钳		把	1	
6	尖嘴钳		把	1	
7	电工刀		把	1	
8	带插板电源线		件	1	
9	木锤、铁锤	1.5 磅	把	各 1	
10	游标卡尺	0～125 mm	把	1	
11	钢直尺	1 000 mm	把	1	
12	高压试电笔		支	1	

（3）测试准备

序号	名　称	规　格	单位	数量	备注
1	一字旋具	200 mm、300 mm、500 mm	把	各 1	
2	十字旋具	Ⅱ号、Ⅲ号、Ⅳ号	把	各 1	

续表

序号	名　称	规　格	单位	数量	备注
3	活动扳手	8 英寸	把	1	
4	内六方扳手		套	1	
5	高压试电笔		支	1	
6	鲤鱼钳		把	1	
7	钢丝钳		把	1	
8	尖嘴钳		把	1	
9	木锤、铁锤	1.5 磅	把	各 1	
10	游标卡尺	0～125 mm	把	1	
11	钢直尺	1 000 mm	把	1	
12	GKJ－Ⅵ型高压开关机械特性测试仪		台	1	可合用
13	GKTJ 型断路器机械特性测试仪		台	1	可合用
14	兆欧表		支	1	
15	ZC8 接地电阻测量仪				
16	电源测试车				

2. 考核要求

（1）本题分值：100 分。

（2）考核时间：360 min。

（3）考核形式：实际操作。

（4）具体考核要求

1）考生根据装配图，在规定的时间内，正确选用零件、部件、元器件和材料，正确使用安装测试工具、量具和仪器仪表，并独立完成 ZND 型真空断路器的安装、调试与测量。

2）安装完成后进行调整。

3）按测试规范要求进行测试。

4）在装配操作中，做到安全生产。

（5）否定项说明：若考生发生下列情况之一，则应及时终止考试，考生该试题成绩记为零分。

1）考生严重违反安全操作规程操作，违反文明生产要求，在工具、量具、仪器仪表使用中严重违反操作规程，具有损害设备或危及人身安全的情况发生。

2）安装操作中，对使用的零部件、元器件、材料、工具和量具多次选型错误、使用不当；安装工艺、安装技能及操作方法显著不合理，经纠正无效并难以完成安装工作者。

3）不具备高级高低压电器装配工对识图的要求，不能按图操作者。

3. 配分与评分标准

考核内容		考核要点	配分	评分标准	扣分	得分
电气装配与调试	劳动保护与安全生产	检查考生安全操作规程执行情况； 安全操作规程的基本内容； 检查考生劳保用品穿戴情况	5	(1) 劳保用品破损、污垢，违反安全文明生产要求，扣2分 (2) 未检查使用工具是否安全可靠，设备启动前未做安全检查，扣2分 (3) 劳动保护用品穿戴不合格或缺少者，扣1分 (4) 不经允许带电操作，动作过大，影响他人人身安全者，扣1分 (5) 使用电、液、气、水、风动源，违反操作规定，扣1分 扣完5分为止		
	工具、量具、仪器仪表	检查考生选用工具、量具、仪器仪表情况； 检查考生使用量具、仪器仪表进行测量的熟练程度； 检查考生对工具、量具、仪器仪表维护保养情况	6	(1) 根据装配、检测要求未能正确选用工具、量具、仪器仪表，扣1分 (2) 正确使用量具、仪器仪表，根据装配要求进行相关参数测量，根据检测数据，进行调试，出现错误扣1分 (3) 工具、量具、仪器仪表，使用前未进行校准，扣1分 (4) 一般工具不可带电作业，违反规定扣1分 (5) 防护性工具、绝缘工具按要求使用，未做到扣1分 (6) 不得超程使用测量量具、仪表，并按规定校零、测量、读取数据，违反规定扣1分 (7) 工具、量具、仪器仪表不得野蛮操作，违反规定扣1分 扣完6分为止		

续表

考核内容		考核要点	配分	评分标准	扣分	得分
电气装配与调试	装配					
	材料选用	根据图纸在规定的时间内，准备好相应的元器件、材料	6	（1）未按装配图要求选用元器件与材料的名称、型号、技术参数、规格、尺寸大小、精度要求等，出现错误，扣2分 （2）安装前，未做好元器件、材料准备工作，如线缆截取长度、剥好线头等，扣2分 （3）未对某些零件的精度进行调整、修整或加工，扣1分 （4）未检查插头、接线端子、紧固件等位置固定孔是否合适，附件、紧固件及配件是否齐全，扣1分 （5）安装用的附件、紧固件及其他配件不得乱摆、乱放，违反规定扣1分 扣完6分为止		
	识图与制图	正确理解装配图的基本安装要求； 能画出装配流程图； 了解安装时的技术要求和工艺规程； 了解测试要求	18	（1）正确理解装配图的基本安装要求，并画出装配流程图，出现错误扣3分 （2）通过读图，掌握安装的元器件和零部件的名称、型号、用途、规格、原理及数量，出现错误扣2分 （3）了解各元器件、零部件间的连接形式，出现错误扣2分 （4）根据要求掌握元器件、零部件调整技术要求和工艺规程，出现错误扣2分 **ZN63A（VS1）真空断路器继电器防跳保护装置的识图：** （5）弄清楚图中KTB元件的名称和功能，KTB（V）、KTB（J）各为什么线圈，触点KTB1、KTB2、KTB3的作用，出现错误扣2分 （6）弄清楚开关SA、KRA、母线±WBP、±WBC的名称、作用及它们连接形式、连接方法，出现错误扣2分 （7）弄清楚线圈QF2、QF3、QF4、接触器KM、继电器KS及中间继电器KPO和元件R在线路中各起什么作用，出现错误扣2分		

续表

考核内容			考核要点	配分	评分标准	扣分	得分
电气装配与调试		识图与制图	正确理解装配图的基本安装要求； 能画出装配流程图； 了解安装时的技术要求和工艺规程； 了解测试要求	18	（8）弄清楚当断路器合闸于故障线路时，继电保护动作逻辑，触点切换顺序，出现错误扣2分 **ZN63A（VS1）真空断路器继电器能发信号监视装置识图：** （9）弄清楚电压测量部分的组成元件，接线方式，出现错误扣2分 （10）弄清楚绝缘监视部分的组成，其中1K、KR、K接于何处，各自功能，R1、R2、R3、R4组成的电路叫什么电路，功能是什么，出现错误扣2分 （11）弄清楚当某一极绝缘电阻下降后，保护动作如何进行，各元件的动作逻辑是什么，出现错误扣2分 扣完18分为止		
	装配	装配（电气）	按装配图施工； 分装工序、主要工序的装配符合工艺要求； 正确操作； 安装过程中进行自检、互检	40	（1）未能按装配流程图施工，扣5分 （2）在各主要工序装配前，进行各分装工序的安装，分装完成后的部件，进行初步测试或试验，如检查部件的紧固性、转动灵活性、能否动作等，出现错误扣4分 （3）根据电气控制图，进行安装，要求线缆端部标明回路编号，编号字迹清楚、序号正确，出现错误扣4分 （4）盘、柜内导线不应有线头，线芯不得损伤，出现损伤扣3分 （5）配线整齐美观、绝缘良好，绝缘层外部不得损伤，出现损伤扣3分 （6）接线端子的每一侧，接线宜为一根，最多不超过两根；接插式端子不同截面的导线不得接在同一个端子上；螺栓连接端子，接两根导线时，中间应加平垫片，出现错误扣3分 （7）二次回路接地，应设专用螺栓，出现错误扣3分 （8）根据直流电气控制图，进行直流回路元器件安装，应符合直流回路的安装要求，出现错误扣4分 （9）紧固螺钉按8.8级紧固螺钉力矩测试，出现错误扣4分		

续表

考核内容			考核要点	配分	评分标准	扣分	得分
电气装配与调试	装配	装配（电气）	按装配图施工； 分装工序、主要工序的装配符合工艺要求； 正确操作； 安装过程中进行自检、互检	40	（10）安装完成后，未能进行自检、互检，扣 4 分 （11）未能按规定的技术规范进行验收，扣 4 分 扣完 40 分为止		
调试与测量		测量	电气性能测量、绝缘性能测量、合闸及分闸测量	15	（1）未能按验收规范测量所安装的真空断路器的保护功能和绝缘性能，扣 2 分 （2）未能正确使用机械特性测试仪、合理选择量程、掌握线路连接及测试方法，扣 2 分 （3）未能使用兆欧表测量某一电器元件（如合闸线圈、分闸线圈或合闸接触器）的绝缘性能、绝缘电阻，扣 2 分 （4）模拟设置故障，做防跳保护测试，出现错误扣 2 分 （5）未能使用机械特性测试仪，将转换开关置“合”位，按下合分闸操作键，读显示数据，若出现操作失败，未排除故障，重新测试，扣 2 分 （6）按动数据显示控制键，数据显示后，未能做好测试记录，测量数据合格后方可打印，扣 3 分 （7）测量应做到准确、可靠、快速，并按验收规范进行（可查阅相关表项），出现错误扣 2 分 （8）超量程操作，野蛮操作，违反安全操作规定，扣 2 分 扣完 15 分为止		
		调试	线路元器件的调整	10	（1）未能根据测量结果，进行调整直到所安装的设备达到技术要求，扣 3 分 （2）调整时未能做到快速、准确，扣 2 分 （3）调整时，不可带电进行，并注意操作安全，出现违规扣 2 分		

续表

考核内容		考核要点	配分	评分标准	扣分	得分
调试与测量	调试	线路元器件的调整	10	（4）未能做好调整记录，包括计算和调整前后的数据，扣3分 （5）未能判断出故障元件，并进行更换，扣2分 扣完10分为止		
合计			100			

否定项：若考生发生下列情况之一，则应及时终止考试，考生该试题成绩记为零分。

（1）考生严重违反安全操作规程操作，违反文明生产要求，在工具、量具、仪器仪表使用中严重违反操作规程，具有损害设备或危及人身安全的情况发生。

（2）安装操作中，对使用的零部件、元器件、材料、工具和量具多次选型错误、使用不当；安装工艺、安装技能及操作方法显著不合理，经纠正无效并难以完成安装工作者。

（3）不具备高级高低压电器装配工对识图的要求，不能按图操作者。

【试题2】ZND型断路器的安装、检测与调试

1. 准备要求

（1）设备准备

本题以ZND－40.5/2000－31.5型真空断路器为标准编制，考场可依据本型号考核要求，任选一种ZND型真空断路器，准备ZND型断路器组件的相关零部件。其中电动机、继电器、主令开关、按钮、断路器、接触器、紧固件、接插件、弹簧机构、电压表、电流表等根据图纸要求外购，需考核现场加工的零部件预备坯料或加工材料，其余零部件根据图纸准备。

（2）装配准备

序号	名　称	规　格	单位	数量	备注
1	一字旋具	100 mm、300 mm、500 mm	把	各1	
2	十字旋具	Ⅱ号、Ⅲ号、Ⅳ号	把	各1	
3	活动扳手	8英寸	把	1	
4	电工刀		把	1	
5	手电钻机钻头	$\phi4\sim\phi8$ mm	把	1	

续表

序号	名　称	规　格	单位	数量	备注
6	钢丝钳		把	1	
7	尖嘴钳		把	1	
8	带插板电源线		件	1	
9	剥线钳		把	1	
10	游标卡尺	0～125 mm	把	1	
11	钢直尺	1 000 mm	把	1	
12	试电笔		把	1	

（3）测试准备

序号	名　称	规　格	单位	数量	备注
1	一字旋具	100 mm、300 mm、500 mm	把	各 1	
2	十字旋具	Ⅱ号、Ⅲ号、Ⅳ号	把	各 1	
3	活动扳手	8 英寸	把	1	
4	高压验电笔		支	1	
5	剥线钳		把	1	
6	钢丝钳		把	1	
7	尖嘴钳		把	1	
8	游标卡尺	0～125 mm	把	1	
9	钢直尺	1 000 mm	把	1	
10	GKJ－Ⅵ型高压开关机械特性测试仪		台	1	
11	GKTJ 型断路器机械特性测试仪		台	1	
12	兆欧表		台	1	
13	ZC8 接地电阻测量仪		台	1	
14	电源测试车		台	1	

2. 考核要求

（1）本题分值：100 分。

（2）考核时间：360 min。

（3）考核形式：实际操作。

（4）具体考核要求

1）考生根据装配图，在规定的时间内，正确选用零件、部件、元器件和材料，正确使用安装测试工具、量具和仪器仪表，并独立完成ZND型真空断路器的安装、调试与测量。

2）安装完成后进行调整。

3）按测试规范要求进行测试。

4）在装配操作中，做到安全生产。

（5）否定项说明：若考生发生下列情况之一，则应及时终止考试，考生该试题成绩记为零分。

1）考生严重违反安全操作规程操作，违反文明生产要求，在工具、量具、仪器仪表使用中严重违反操作规程，具有损害设备或危及人身安全的情况发生。

2）安装操作中，对使用的零部件、元器件、材料、工具和量具多次选型错误、使用不当；安装工艺、安装技能及操作方法显著不合理，经纠正无效并难以完成安装工作者。

3）不具备高级高低压电器装配工对识图的要求，不能按图操作者。

3. 配分与评分标准

考核内容		考核要点	配分	评分标准	扣分	得分
电气装配与调试	劳动保护与安全生产	随机口试检查考生安全操作规程执行情况； 根据安全操作规程的基本内容，组题； 检查考生劳保用品穿戴情况	5	（1）劳保用品破损、污垢，违反安全文明生产要求，扣2分 （2）未检查使用工具是否安全可靠，设备启动前未做安全检查，扣2分 （3）劳动保护用品穿戴不合格或缺少者，扣1分 （4）不经允许带电操作，动作过大，影响他人人身安全者，扣1分 （5）使用电、液、气、水、风动源，违反操作规定，扣1分 扣完5分为止		

续表

<table>
<tr><th colspan="3">考核内容</th><th>考核要点</th><th>配分</th><th>评分标准</th><th>扣分</th><th>得分</th></tr>
<tr><td rowspan="3">电气装配与调试</td><td colspan="2">工具、量具、仪器仪表</td><td>检查考生选用工具、量具、仪器仪表情况；
检查考生使用量具、仪器仪表进行测量的熟练程度；
检查考生对工具、量具、仪器仪表维护保养情况</td><td>6</td><td>（1）未能根据装配、检测要求正确选用工具、量具、仪器仪表，扣 1 分
（2）未能正确使用量具、仪器仪表并根据装配要求进行相关参数测量，未能根据检测数据，进行调试，扣 1 分
（3）工具、量具、仪器仪表使用前，未能进行校准，扣 1 分
（4）一般工具不可带电作业，出现违规扣 1 分
（5）防护性工具、绝缘工具按要求使用，出现违规扣 1 分
（6）不得超程使用测量量具、仪表，并按规定校零、测量、读取数据，出现违规扣 1 分
（7）工具、量具、仪器仪表不得野蛮操作，出现违规扣 1 分
扣完 6 分为止</td><td></td><td></td></tr>
<tr><td rowspan="2">装配</td><td>材料选用</td><td>根据图纸在规定的时间内，准备好相应的元器件、材料</td><td>6</td><td>（1）按装配图要求选用元器件与材料的名称、型号、技术参数、规格、尺寸大小、精度要求等，出现错误扣 2 分
（2）安装前，未能做好元器件、材料准备工作，如线缆截取长度、剥好线头等，扣 2 分
（3）对某些零件的精度进行调整、修整或加工出现错误，扣 2 分
（4）未能检查插头、接线端子、紧固件等位置固定孔是否合适，附件、紧固件及配件是否齐全，扣 1 分
（5）安装用的附件、紧固件及其他配件不得乱摆、乱放，出现违规扣 1 分
扣完 6 分为止</td><td></td><td></td></tr>
<tr><td>识图与制图</td><td>正确理解装配图的基本安装要求；
能画出装配流程图；
了解安装时的技术要求和工艺规程；
了解测试要求</td><td>18</td><td>（1）正确理解装配图的基本安装要求，并画出装配流程图，出现错误扣 3 分
（2）通过读图，掌握安装的元器件和零部件的名称、型号、用途、规格、原理及数量，出现错误扣 2 分
（3）了解各元器件、零部件间的连接形式，出现错误扣 2 分
（4）根据要求掌握元器件、零部件调整技术要求和工艺规程，出现错误扣 2 分</td><td></td><td></td></tr>
</table>

续表

考核内容			考核要点	配分	评分标准	扣分	得分
电气装配与调试	装配	识图与制图	正确理解装配图的基本安装要求； 能画出装配流程图； 了解安装时的技术要求和工艺规程； 了解测试要求	18	（5）弄清楚图中线圈、触点的作用，出现错误扣2分 （6）弄清楚开关、母线的名称、作用及它们连接形式、连接方法，出现错误扣2分 （7）弄清楚当断路器合闸于故障线路时，继电保护动作逻辑及触点切换顺序，出现错误扣2分 （8）弄清楚电压测量部分的组成元件，接线方式和测量内容，出现错误扣2分 （9）弄清楚绝缘监视部分的组成和功能，出现错误扣2分 扣完18分为止		
		装配（电气）	按装配图施工； 分装工序、主要工序的装配符合工序要求； 正确操作； 安装过程中进行自检、互检	40	（1）未能按装配流程图施工，扣5分 （2）未能在各主要工序装配前，进行各分装工序的安装，分装完成后的部件未进行初步测试或试验，如检查部件的紧固性、转动灵活性、能否动作等，扣4分 （3）根据电气控制图进行安装，要求线缆端部标明回路编号，编号字迹清楚、序号正确，出现错误扣4分 （4）盘、柜内导线不应有线头，线芯不得损伤，出现错误和损伤扣3分 （5）配线整齐美观、绝缘良好，绝缘层外部不得损伤，出现错误和损伤扣3分 （6）接线端子的每一侧，接线宜为一根，最多不超过两根；接插式端子不同截面的导线不得接在同一个端子上；螺栓连接端子接两根导线时，中间应加平垫片，出现错误扣3分 （7）二次回路接地，应设专用螺栓，出现错误扣3分 （8）根据直流电气控制图，进行直流回路元器件安装，应符合直流回路的安装要求，出现错误扣4分 （9）紧固螺钉按8.8级紧固螺钉力矩测试，出现错误扣3分 （10）安装完成后，进行自检、互检，出现错误，扣4分 （11）未能按规定的技术规范进行验收，扣4分 扣完40分为止		

续表

考核内容		考核要点	配分	评分标准	扣分	得分
调试与测量	测量	性能指标的测量	15	（1）正确选择仪表、线路，进行额定电压（40.5 kV）测试，出现错误扣1分 （2）正确选择仪表、线路，进行额定电流（2 000 A）测试，出现错误扣1分 （3）正确选择仪表、线路，进行额定短时耐受电流（31.5 kA）测试，出现错误扣2分 （4）正确选择仪表、线路，进行额定峰值耐受电流（80 kA）测试，出现错误扣2分 （5）正确选择仪表、线路，进行额定短时持续时间（4 s）测试，出现错误扣2分 （6）正确选择仪表、线路，进行额定短路开断电流（31.5 kA）测试，出现错误扣2分 （7）正确选择仪表、线路，进行额定短路关合电流（80 kA）测试，出现错误扣2分 （8）正确选择仪表、线路，进行额定短时工频耐受电压（95 kV）测试，出现错误扣2分 （9）正确选择仪表、线路，进行额定短路开断电流开断次数（20次）测试，出现错误扣2分 （10）正确选择仪表、线路，进行额定异相接地故障开断电流（27.3 kA）测试，出现错误扣2分 （11）正确选择仪表、线路，进行额定单个电容组开断电流（630 A）测试，出现错误扣2分 （12）正确选择仪表、线路，进行额定背对背电容组开断电流（400 A）测试，出现错误扣2分 注：若考点条件受限，本部分题目可采用模拟方法或接线演示方法完成，亦可选择部分题目完成。 扣完15分为止		
	调试	电器性能调整	10	（1）未能根据测量结果进行调整直到所安装的设备达到技术要求，扣2分 （2）调整时未能做到快速、准确，扣2分 （3）调整时，不可带电进行，并注意操作安全，出现违规扣2分		

续表

考核内容		考核要点	配分	评分标准	扣分	得分
调试与测量	调试	电器性能调整	10	（4）未能做好调整记录，包括计算和调整前后的数据，3 分 （5）未能准确判断故障和对故障元器件进行更换，扣 2 分 扣完 10 分为止		
合计			100			

否定项：若考生发生下列情况之一，则应及时终止考试，考生该试题成绩记为零分。

（1）考生严重违反安全操作规程操作，违反文明生产要求，在工具、量具、仪器仪表使用中严重违反操作规程，具有损害设备或危及人身安全的情况发生。

（2）安装操作中，对使用的零部件、元器件、材料、工具和量具多次选型错误、使用不当；安装工艺、安装技能及操作方法显著不合理，经纠正无效并难以完成安装工作者。

（3）不具备高级高低压电器装配工对识图的要求，不能按图操作者。

【试题 3】CT8 型手车式开关柜配用弹簧机构断路器控制回路的安装、调试与测量

1. 准备要求

（1）设备准备

本题以 CT8 型弹簧机构断路器控制回路为标准编制，考场可依据本型号考核要求，任选一种弹簧机构，并参考给出的图示，准备手车式开关柜配用弹簧机构断路器控制回路组件的相关零部件。其中指示元件、各类变压器、储能电机、开关、按钮、接触器、断路器、继电器、销类、紧固件、接插件、线缆等根据图纸要求外购，需考核现场加工的零部件预备坯料或加工材料，其余零部件根据图纸准备。

（2）装配准备

序号	名　称	规　格	单位	数量	备注
1	一字旋具	100 mm、300 mm、500 mm	把	各 1	
2	十字旋具	Ⅱ号、Ⅲ号、Ⅳ号	把	各 1	
3	活动扳手	8 英寸	把	1	
4	电工刀		把	1	
5	手电钻机钻头	$\phi 4 \sim \phi 8$ mm	把	1	
6	钢丝钳		把	1	
7	尖嘴钳		把	1	

续表

序号	名　称	规　格	单位	数量	备注
8	带插板电源线		件	1	
9	剥线钳		把	1	
10	游标卡尺	0～125 mm	把	1	
11	钢直尺	1 000 mm	把	1	

（3）测试准备

序号	名　称	规　格	单位	数量	备注
1	一字旋具	100 mm、300 mm、500 mm	把	各 1	
2	十字旋具	Ⅱ号、Ⅲ号、Ⅳ号	把	各 1	
3	活动扳手	8 英寸	把	1	
4	钢丝钳		把	1	
5	尖嘴钳		把	1	
6	带插板电源线		件	1	
7	剥线钳		把	1	
8	游标卡尺	0～125 mm	把	1	
9	钢直尺	1 000 mm	把	1	
10	GKJ－Ⅵ型高压开关机械特性测试仪		台	1	
11	GKTJ 型断路器机械特性测试仪		台	1	
12	兆欧表		台	1	
13	ZC8 接地电阻测量仪		台	1	
14	电源测试车		台	1	

2. 考核要求

（1）本题分值：100 分。

（2）考核时间：360 min。

（3）考核形式：实际操作。

（4）具体考核要求

1）考生根据装配图，在规定的时间内正确选用零件、部件、元器件和材料；正确选用安装测试工具、量具和仪器仪表；并独立完成手车式开关柜配用弹簧机构断路器控制回路的安装、调试与测量。

2）安装完成后进行调整。

3）按测试规范要求进行测试。

4）安装操作中，做到安全生产。

（5）否定项说明：若考生发生下列情况之一，则应及时终止考试，考生该试题成绩记为零分。

1）考生严重违反安全操作规程操作，违反文明生产要求，在工具、量具、仪器仪表使用中严重违反操作规程，具有损害设备或危及人身安全的情况发生。

2）安装操作中，对使用的零部件、元器件、材料、工具和量具多次选型错误、使用不当；安装工艺、安装技能及操作方法显著不合理，经纠正无效并难以完成安装工作者。

3）不具备高级高低压电器装配工对识图的要求，不能按图操作者。

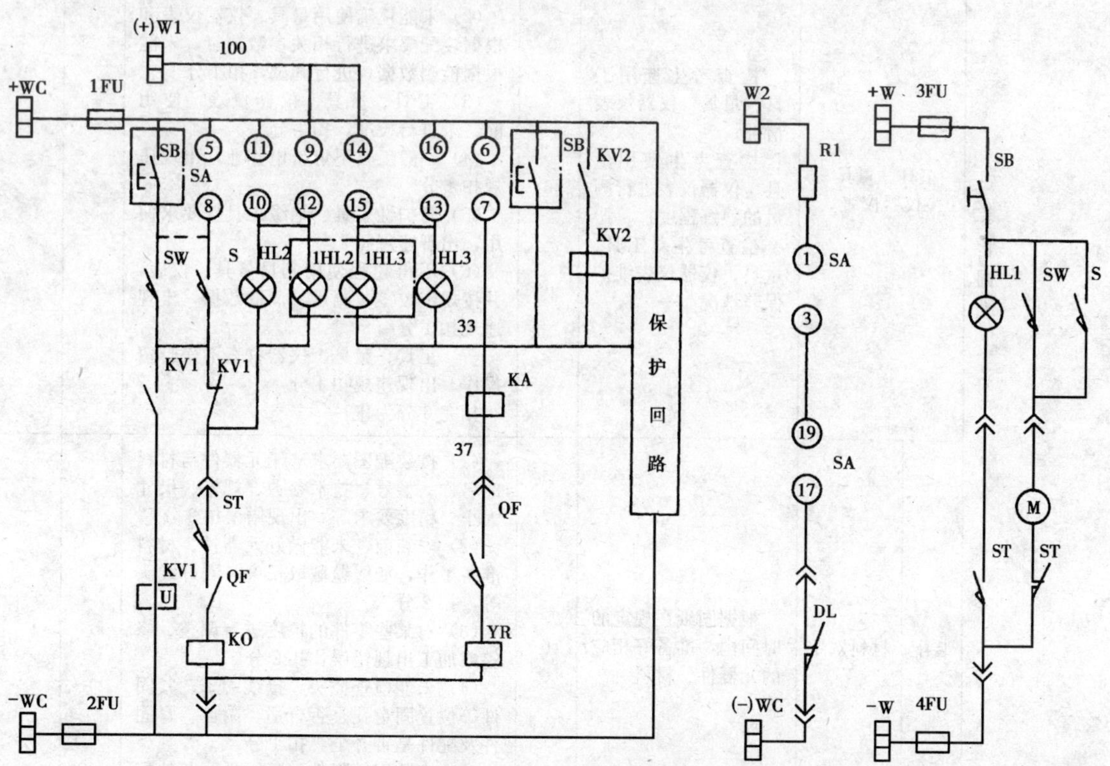

图 10—4　手车式开关柜配用 CT 型弹簧机构断路器电器控制回路示意图

3. 配分与评分标准

考核内容			考核要点	配分	评分标准	扣分	得分
电气装配与调试	劳动保护与安全生产		随机口试检查考生安全操作规程执行情况； 根据安全操作规程的基本内容，组题； 检查考生劳保用品穿戴情况	5	（1）劳保用品破损、污垢，违反安全文明生产要求，扣2分 （2）未检查使用工具是否安全可靠，设备启动前未做安全检查，扣2分 （3）劳动保护用品穿戴不合格或缺少者，扣1分 （4）不经允许带电操作，动作过大，影响他人人身安全者，扣1分 （5）使用电、液、气、水、风动源，违反操作规定，扣1分 扣完5分为止		
	工具、量具、仪器仪表		检查考生选用工具、量具、仪器仪表情况； 检查考生使用量具、仪器仪表进行测量的熟练程度； 检查考生对工具、量具、仪器仪表维护保养情况	6	（1）未能根据装配、检测要求正确选用工具、量具、仪器仪表，扣1分 （2）未能正确使用量具、仪器仪表和根据装配要求进行相关参数测量，未能根据检测数据，进行调试，扣1分 （3）工具、量具、仪器仪表，使用前，未进行校准，扣1分 （4）一般工具不可带电作业，出现违规扣1分 （5）防护性工具、绝缘工具按要求使用，出现违规扣1分 （6）不得超程使用测量量具、仪表，并按规定校零、测量、读取数据，出现违规扣1分 （7）工具、量具、仪器仪表不得野蛮操作，出现违规扣1分 扣完6分为止		
	装配	材料选用	根据图纸在规定的时间内，准备好相应的元器件、材料	6	（1）按装配图要求选用元器件与材料的名称、型号、技术参数、规格、尺寸大小、精度要求等，出现错误扣2分 （2）安装前，未能做好元器件、材料准备工作，如线缆截取长度、剥好线头等，扣2分 （3）对某些零件的精度进行调整、修整或加工出现错误，扣2分 （4）未能检查插头、接线端子、紧固件等位置固定孔是否合适，附件、紧固件及配件是否齐全，扣1分 （5）安装用的附件、紧固件及其他配件不得乱摆、乱放，出现违规扣1分 扣完6分为止		

续表

考核内容			考核要点	配分	评分标准	扣分	得分
电气装配与调试	装配	识图与制图	正确理解装配图的基本安装要求； 能画出装配流程图； 了解安装时的技术要求和工艺规程； 了解测试要求	18	(1) 正确理解装配图的基本安装要求，并画出装配流程图，出现错误扣3分 (2) 通过读图，掌握安装的元器件和零部件的名称、型号、用途、规格、原理及数量，出现错误扣2分 (3) 了解各元器件、零部件间的连接形式，出现错误扣2分 (4) 根据要求掌握元器件、零部件调整技术要求和工艺规程，出现错误扣2分 (5) 弄清楚图中线圈、触点的作用，识图，出现错误扣2分 (6) 弄清楚开关、母线的名称、作用及它们连接形式、连接方法，出现错误扣2分 (7) 弄清楚当断路器合闸于故障线路时，继电保护动作逻辑及触点切换顺序，出现错误扣2分 (8) 弄清楚电压测量部分的组成元件、接线方式、测量内容，出现错误扣2分 (9) 弄清楚绝缘监视部分的组成和功能，出现错误扣2分 扣完18分为止		
		装配（电气）	按装配图施工； 分装工序、主要工序的装配符合工序要求； 正确操作； 安装过程中进行自检、互检	40	(1) 未能按装配流程图施工，扣5分 (2) 未能在各主要工序装配前，进行各分装工序的安装；未对分装完成后的部件，进行初步测试或试验，如检查部件的紧固性、转动灵活性、能否动作等，扣4分 (3) 根据电气控制图进行安装，要求线缆端部标明回路编号，编号字迹清楚、序号正确，出现错误扣4分 (4) 盘、柜内导线不应有线头，线芯不得损伤，出现错误和损伤扣3分 (5) 配线整齐美观、绝缘良好，绝缘层外部不得损伤，出现错误或损伤扣3分		

续表

考核内容			考核要点	配分	评分标准	扣分	得分
电气装配与调试	装配	装配（电气）	按装配图施工； 分装工序、主要工序的装配符合工序要求； 正确操作； 安装过程中进行自检、互检	40	（6）接线端子的每一侧，接线宜为一根，最多不超过两根；接插式端子不同截面的导线不得接在同一个端子上；螺栓连接端子接两根导线时，中间应加平垫片，出现错误扣 3 分 （7）二次回路接地，应设专用螺栓，出现错误扣 3 分 （8）根据直流电气控制图，进行直流回路元器件安装，应符合直流回路的安装要求，出现错误扣 4 分 （9）紧固螺钉按 8.8 级紧固螺钉力矩测试，出现错误扣 3 分 （10）安装完成后，进行自检、互检，出现错误未加调整，扣 4 分 （11）未能按规定的技术规范进行验收，扣 4 分 扣完 40 分为止		
调试与测量	测量		性能指标的测量	15	（1）正确选择仪表、线路，进行额定电压（40.5 kV）测试，出现错误扣 1 分 （2）正确选择仪表、线路，进行额定电流（2 000 A）测试，出现错误扣 1 分 （3）正确选择仪表、线路，进行额定短时耐受电流（31.5 kA）测试，出现错误扣 2 分 （4）正确选择仪表、线路，进行额定峰值耐受电流（80 kA）测试，出现错误扣 2 分 （5）正确选择仪表、线路，进行额定短时持续时间（4 s）测试，出现错误扣 2 分 （6）正确选择仪表、线路，进行额定短路开断电流（31.5 kA）测试，出现错误扣 2 分 （7）正确选择仪表、线路，进行额定短路关合电流（80 kA）测试，出现错误扣 2 分 （8）正确选择仪表、线路，进行额定短时工频耐受电压（95 kV）测试，出现错误扣 2 分		

续表

考核内容		考核要点	配分	评分标准	扣分	得分
调试与测量	测量	性能指标的测量	15	(9) 正确选择仪表、线路，进行额定短路开断电流开断次数（20 次）测试，出现错误扣 2 分 (10) 正确选择仪表、线路，进行额定异相接地故障开断电流（27.3 kA）测试，出现错误扣 2 分 (11) 正确选择仪表、线路，进行额定单个电容组开断电流（630 A）测试，出现错误扣 2 分 (12) 正确选择仪表、线路，进行额定背对背电容组开断电流（400 A）测试，出现错误扣 2 分 注：若考点条件受限，本部分题目可采用模拟方法或接线演示方法完成，亦可选择部分题目完成 扣完 15 分为止		
	调试	电器性能调整	10	(1) 未能根据测量结果，进行调整直到所安装的设备达到技术要求，扣 2 分 (2) 调整时未能做到快速、准确，扣 2 分 (3) 调整时，不可带电进行，并注意操作安全，出现违规扣 2 分 (4) 未能做好调整记录，包括计算和调整前后的数据，扣 3 分 (5) 未能准确判断故障和对故障元器件进行更换，扣 2 分 扣完 10 分为止		
合计			100			

否定项：若考生发生下列情况之一，则应及时终止考试，考生该试题成绩记为零分。

(1) 考生严重违反安全操作规程操作，违反文明生产要求，在工具、量具、仪器仪表使用中严重违反操作规程，具有损害设备或危及人身安全的情况发生。

(2) 安装操作中，对使用的零部件、元器件、材料、工具和量具多次选型错误、使用不当；安装工艺、安装技能及操作方法显著不合理，经纠正无效并难以完成安装工作者。

(3) 不具备高级高低压电器装配工对识图的要求，不能按图操作者。

【试题 4】6～10 kV 定时限过流保护装置的安装、测量与调试

1. 准备要求

（1）设备准备

本题以 6～10 kV 定时限过流保护装置为标准编制，考场可依据本型号考核要求，任选一种定时限过流保护装置，并给出参考的图示，准备定时限过流保护装置组件的相关零部件。其中指示元件、各类变压器、开关、按钮、接触器、继电器、紧固件、接插件、线缆等根据图纸要求外购，需考核现场加工的零部件预备坯料或加工材料，其余零部件根据图纸准备。

（2）装配准备

序号	名　称	规　格	单位	数量	备注
1	一字旋具	100 mm、300 mm、500 mm	把	各 1	
2	十字旋具	Ⅱ号、Ⅲ号、Ⅳ号	把	各 1	
3	活动扳手	8 英寸	把	1	
4	电工刀		把	1	
5	手电钻机钻头	$\phi4$～$\phi8$ mm	把	1	
6	钢丝钳		把	1	
7	尖嘴钳		把	1	
8	带插板电源线		件	1	
9	剥线钳		把	1	
10	游标卡尺	0～125 mm	把	1	
11	钢直尺	1 000 mm	把	1	

（3）测试准备

序号	名　称	规　格	单位	数量	备注
1	一字旋具	100 mm、300 mm、500 mm	把	各 1	
2	十字旋具	Ⅱ号、Ⅲ号、Ⅳ号	把	各 1	
3	活动扳手	8 英寸	把	1	
4	钢丝钳		把	1	
5	尖嘴钳		把	1	
6	带插板电源线		件	1	
7	剥线钳		把	1	
8	游标卡尺	0～125 mm	把	1	
9	钢直尺	1 000 mm	把	1	

续表

序号	名　　称	规　　格	单位	数量	备注
10	电流表		台	1	
11	电压表		台	1	
12	兆欧表		台	1	
13	机械特性测试仪		台	1	
14	电源测试车		台	1	

2. 考核要求

（1）本题分值：100 分。

（2）考核时间：360 min。

（3）考核形式：实际操作。

（4）具体考核要求

1）考生根据装配图，在规定的时间内正确选用零件、部件、元器件和材料；正确选用安装测试工具、量具和仪器仪表；并独立完成定时限过流保护装置的安装、测量与调试。

2）安装完成后进行调整。

3）按测试规范要求进行测试。

4）安装操作中，做到安全生产。

（5）否定项说明：若考生发生下列情况之一，则应及时终止考试，考生该试题成绩记为零分。

1）考生严重违反安全操作规程操作，违反文明生产要求，在工具、量具、仪器仪表使用中严重违反操作规程，具有损害设备或危及人身安全的情况发生。

2）安装操作中，对使用的零部件、元器件、材料、工具和量具多次选型错误、使用不当；安装工艺、安装技能及操作方法显著不合理，经纠正无效并难以完成安装工作者。

3）不具备高级高低压电器装配工对识图的要求，不能按图操作者。

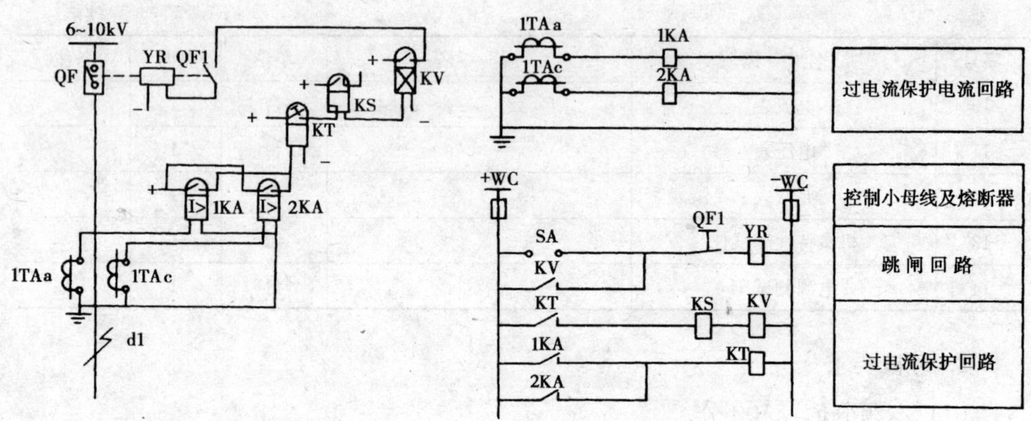

图 10—5　定时限过电流保护的动作原理和展开图

3. 配分与评分标准

考核内容		考核要点	配分	评分标准	扣分	得分
电气装配与调试	劳动保护与安全生产	检查考生安全操作规程执行情况； 安全操作规程的基本内容； 检查考生劳保用品穿戴情况	5	（1）劳保用品破损、污垢，违反安全文明生产要求，扣 2 分 （2）未检查使用工具是否安全可靠，设备启动前未做安全检查，扣 2 分 （3）劳动保护用品穿戴不合格或缺少者，扣 1 分 （4）不经允许带电操作，动作过大，影响他人人身安全者，扣 1 分 （5）使用电、液、气、水、风动源，违反操作规定，扣 1 分 扣完 5 分为止		
	工具、量具、仪器仪表	检查考生选用工具、量具、仪器仪表情况； 检查考生使用量具、仪器仪表进行测量的熟练程度； 检查考生对工具、量具、仪器仪表维护保养情况	6	（1）未能根据装配、检测要求正确选用工具、量具、仪器仪表，扣 1 分 （2）正确使用量具、仪器仪表，根据装配要求进行相关参数测量，根据检测数据进行调试，出现错误扣 1 分 （3）工具、量具、仪器仪表，使用前，未进行校准，扣 1 分 （4）一般工具不可带电作业，出现违规 1 分 （5）防护性工具、绝缘工具按要求使用，出现违规扣 1 分		

续表

考核内容			考核要点	配分	评分标准	扣分	得分
	工具、量具、仪器仪表		检查考生选用工具、量具、仪器仪表情况； 检查考生使用量具、仪器仪表进行测量的熟练程度； 检查考生对工具、量具、仪器仪表维护保养情况	6	（6）不得超程使用测量量具、仪表，并按规定校零、测量、读取数据，出现违规扣1分 （7）工具、量具、仪器仪表不得野蛮操作，出现违规扣1分 扣完6分为止		
电气装配与调试	装配	材料选用	根据图纸在规定的时间内，准备好相应的元器件、材料	6	（1）未按装配图要求选用元器件与材料的名称、型号、技术参数、规格、尺寸大小和精度要求等，扣2分 （2）安装前，未做好元器件、材料准备工作，如线缆截取长度、剥好线头等，扣2分 （3）未对某些零件的精度进行调整、修整或加工，扣2分 （4）未检查插头、接线端子、紧固件等位置固定孔是否合适，附件、紧固件及配件是否齐全，扣1分 （5）安装用的附件、紧固件及其他配件不得乱摆乱放，出现违规扣1分 扣完6分为止		
		识图与制图	正确理解装配图的基本安装要求； 能画出装配流程图； 了解安装时的技术要求和工艺规程； 了解测试要求	18	（1）正确理解控制原理图的基本安装要求，并画出装配流程图，出现错误扣4分 （2）通过读图，掌握安装的元器件和零部件的名称、型号、用途、规格、原理及数量，出现错误扣4分 （3）了解各元器件、零部件间的连接形式，出现错误扣3分 （4）根据要求掌握元器件、零部件调整技术要求和工艺规程，出现错误扣2分 （5）弄清楚图中1KA、2KA、KT、KV、KS等元件的名称和功能，YR线圈的作用是什么，触点QF1的作用，$1TA_a$、$1TA_c$的名称、作用，出现错误扣2分		

续表

<table>
<tr><th colspan="3">考核内容</th><th>考核要点</th><th>配分</th><th>评分标准</th><th>扣分</th><th>得分</th></tr>
<tr><td rowspan="2">电气装配与调试</td><td rowspan="2">装配</td><td>识图与制图</td><td>正确理解装配图的基本安装要求；
能画出装配流程图；
了解安装时的技术要求和工艺规程；
了解测试要求</td><td>18</td><td>(6) 从图中识得当线路 d1 点发生短路时，机构如何切除故障，并分析 $1TA_a$、$1TA_c$、$2TA_a$、$2TA_c$、1KA、2KA 的动作，出现错误扣 2 分
(7) 弄清楚保护动作时，KS 的功能是什么，如何动作，出现错误扣 2 分
(8) 弄清楚保护动作时，YR、KV、QF 的功能是什么，如何动作，出现错误扣 2 分
扣完 18 分为止</td><td></td><td></td></tr>
<tr><td>装配（电气）</td><td>按装配图施工；
分装工序、主要工序的装配符合工序要求；
正确操作；
安装过程中进行自检、互检</td><td>40</td><td>(1) 按装配接线图施工，出现错误扣 5 分
(2) 在各主要工序装配前，进行各分装工序的安装；对分装完成后的部件，进行初步测试或试验，如检查部件的紧固性、转动灵活性、能否动作等，出现错误扣 5 分
(3) 根据电气控制图进行安装，要求线缆端部标明回路编号，编号字迹清楚、序号正确，出现错误扣 4 分
(4) 盘、柜内导线不应有线头，线芯不得损伤，出现损伤扣 3 分
(5) 配线整齐美观、绝缘良好，绝缘层外部不得损伤，出现损伤扣 3 分
(6) 接线端子的每一侧，接线宜为一根，最多不超过两根；接插式端子不同截面的导线不得接在同一个端子上；螺栓连接端子接两根导线时，中间应加平垫片，出现错误扣 3 分
(7) 二次回路接地，应设专用螺栓，出现错误扣 3 分
(8) 跳闸、保护回路电源＋KM～－KM的安装应符合规范要求，出现错误扣 4 分
(9) 紧固螺钉按 8.8 级紧固螺钉力矩测试，出现错误扣 4 分
(10) 安装完成后，未进行自检、互检，扣 4 分
(11) 未能按规定的技术规范进行验收，扣 4 分
扣完 40 分为止</td><td></td><td></td></tr>
</table>

续表

考核内容		考核要点	配分	评分标准	扣分	得分
调试与测量	测量	断路器合闸、分闸及跳闸的测量	15	(1)测量电压互感器线圈电压，出现错误扣2分 (2)额定操作电压下，测量电压互感器支路电流，出现错误扣2分 (3)额定操作电压下，测量保护回路电源＋KM～－KM的电压出现错误，扣2分 (4)设置短路故障，测量1KA、2KA的整定电流值，出现错误扣2分 (5)测量时间继电器的延时时间，出现错误扣2分 (6)测量跳闸线圈YR支路的动作电流，出现错误扣2分 (7)测量中间继电器的导通电流；出现错误扣2分 (8)超量程操作，野蛮操作，违反安全操作规定，扣2分 扣完15分为止		
	调试	控制线路分合闸性能的调整	10	(1)未能根据测量结果，调整过流继电器、时间继电器和跳闸线圈的参数，直到所安装的设备达到技术要求，扣3分 (2)调整时未能做到快速、准确，扣3分 (3)保护装置出现故障，应考虑重新安装，出现错误扣3分 (4)未能做好调整记录，包括计算和调整前后的数据，扣3分 扣完10分为止		
合计			100			

否定项：若考生发生下列情况之一，则应及时终止考试，考生该试题成绩记为零分。

(1)考生严重违反安全操作规程操作，违反文明生产要求，在工具、量具、仪器仪表使用中严重违反操作规程，具有损害设备或危及人身安全的情况发生。

(2)安装操作中，对使用的零部件、元器件、材料、工具和量具多次选型错误、使用不当；安装工艺、安装技能及操作方法显著不合理，经纠正无效并难以完成安装工作者。

(3)不具备高级高低压电器装配工对识图的要求，不能按图操作者。

鉴定范围 2　机械装配

【试题 1】ZN63A 型真空断路器的机械部分安装、调试与测量

1. 准备要求

（1）设备准备

本题以 ZN63A 型真空断路器为标准编制，考场可依据本型号考核要求，任选一种 ZN 型真空断路器，并按给出的图示（见图 10—7），准备 ZN 型真空断路器机械部分组件的相关零部件。其中线圈、灭弧单元、储能机构零部件、蜗轮、蜗杆机构零部件、连杆机构零部件、弹簧、紧固件、接插件、线缆等根据图纸要求外购，需考核现场加工的零部件预备坯料或加工材料，其余零部件根据图纸准备。

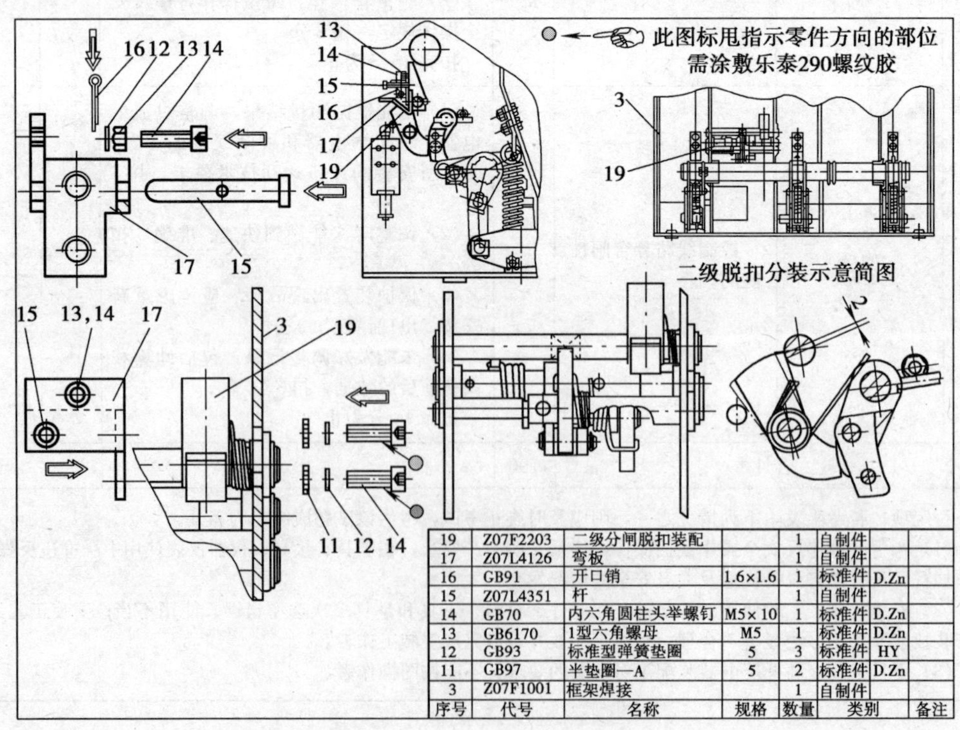

序号	代号	名称	规格	数量	类别		备注
19	Z07F2203	二级分闸脱扣装配		1	自制件		
17	Z07L4126	弯板		1	自制件		
16	GB91	开口销	1.6×1.6	1	标准件	D.Zn	
15	Z07L4351	杆		1	自制件		
14	GB70	内六角圆柱头举螺钉	M5×10	1	标准件	D.Zn	
13	GB6170	1型六角螺母	M5	1	标准件	D.Zn	
12	GB93	标准型弹簧垫圈	5	3	标准件	HY	
11	GB97	半垫圈—A	5	2	标准件	D.Zn	
3	Z07F1001	框架焊接		1	自制件		

图 10—6　ZN63－12 真空断路器二级脱扣器装配图

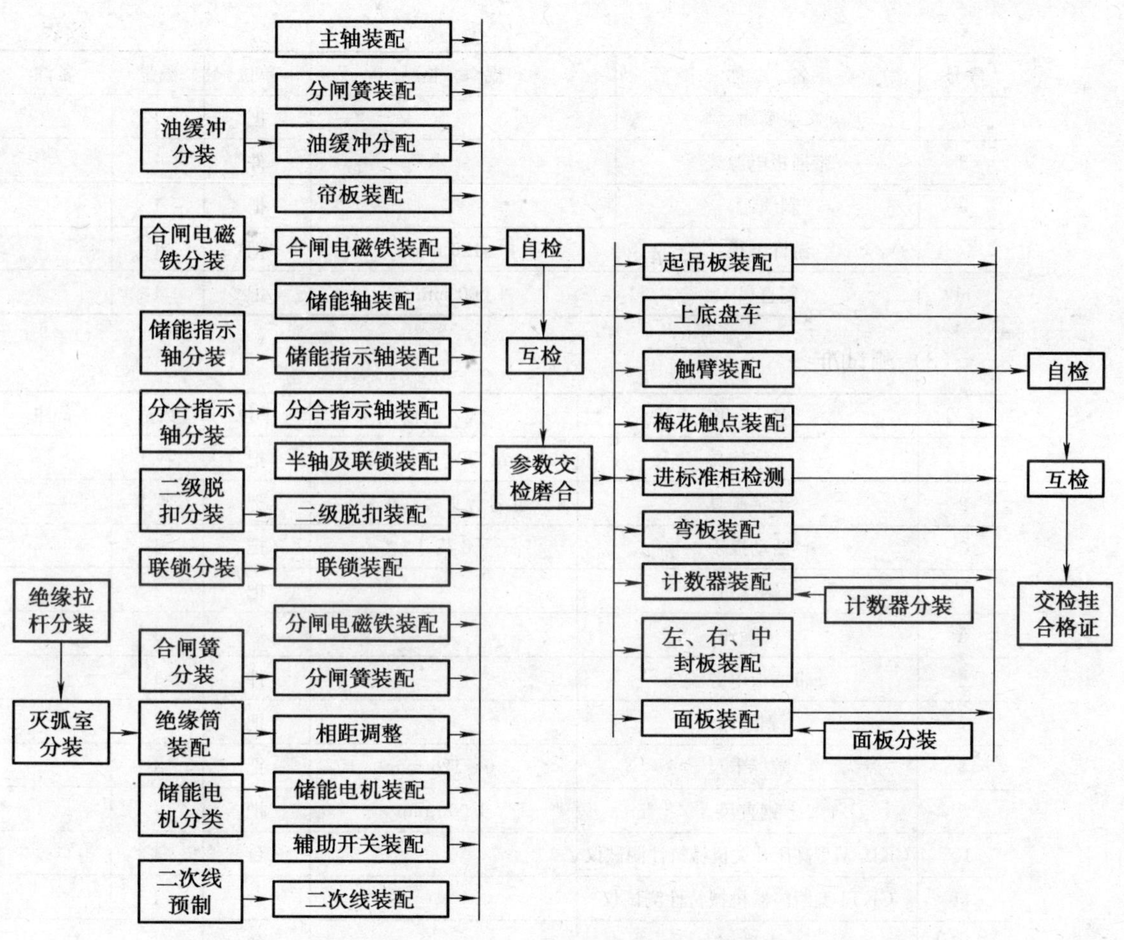

图10—7　ZN63－12真空断路器装配流程图

（2）装配准备

序号	名　称	规　格	单位	数量	备注
1	一字旋具	100 mm、300 mm、500 mm	把	各1	
2	十字旋具	Ⅱ号、Ⅲ号、Ⅳ号	把	各1	
3	活动扳手	8英寸	把	1	
4	电工刀		把	1	
5	手电钻机钻头	$\phi4\sim\phi8$ mm	把	1	
6	钢丝钳		把	1	

续表

序号	名　称	规　格	单位	数量	备注
7	尖嘴钳		把	1	
8	带插板电源线		件	1	
9	剥线钳		把	1	
10	游标卡尺	0～125 mm	把	1	
11	钢直尺	1 000 mm	把	1	

（3）测试准备

序号	名　称	规　格	单位	数量	备注
1	一字旋具	100 mm、300 mm、500 mm	把	各 1	
2	十字旋具	Ⅱ号、Ⅲ号、Ⅳ号	把	各 1	
3	活动扳手	8 英寸	把	1	
4	钢丝钳		把	1	
5	尖嘴钳		把	1	
6	带插板电源线		件	1	
7	剥线钳		把	1	
8	游标卡尺	0～125 mm	把	1	
9	钢直尺	1 000 mm	把	1	
10	GKJ－Ⅵ型高压开关机械特性测试仪		台	1	
11	GKTJ 型断路器机械特性测试仪		台	1	
12	兆欧表		台	1	
13	ZC8 接地电阻测量仪		台	1	
14	电源测试车		台	1	

2. 考核要求

（1）本题分值：100 分。

（2）考核时间：360 min。

（3）考核形式：实际操作。

（4）具体考核要求

1）考生根据装配图，在规定的时间内，正确选用零件、部件、元器件和材料；

正确选用安装测试工具、量具和仪器仪表；并独立完成 ZN 型真空断路器的机械部分安装、调试与测量。

2）安装完成后进行调整。

3）按测试规范要求进行测试。

4）做到安全生产。

（5）否定项说明：若考生发生下列情况之一，则应及时终止考试，考生该试题成绩记为零分。

1）考生严重违反安全操作规程操作，违反文明生产要求，在工具、量具、仪器仪表使用中严重违反操作规程，具有损害设备或危及人身安全的情况发生。

2）安装操作中，对使用的零部件、元器件、材料、工具和量具多次选型错误、使用不当；安装工艺、安装技能及操作方法显著不合理，经纠正无效并难以完成安装工作者。

3）不具备高级高低压电器装配工对识图的要求，不能按图操作者。

3. 配分与评分标准

考核内容		考核要点	配分	评分标准	扣分	得分
电气装配与调试	劳动保护与安全生产	检查考生安全操作规程执行情况； 安全操作规程的基本内容； 检查考生劳保用品穿戴情况	5	（1）劳保用品破损、污垢，违反安全文明生产要求，扣 2 分 （2）未检查使用工具是否安全可靠，设备启动前未做安全检查，扣 2 分 （3）劳动保护用品穿戴不合格或缺少者，扣 1 分 （4）不经允许带电操作，动作过大，影响他人人身安全者，扣 1 分 （5）使用电、液、气、水、风动源，违反操作规定，扣 1 分 扣完 5 分为止		
	工具、量具、仪器仪表	检查考生选用工具、量具、仪器仪表情况； 检查考生使用量具、仪器仪表进行测量的熟练程度； 检查考生对工具、量具、仪器仪表维护保养情况	6	（1）未能根据装配、检测要求正确选用工具、量具、仪器仪表，扣 1 分 （2）正确使用量具、仪器仪表，根据装配要求进行相关参数测量，根据检测数据，进行调试，出现错误扣 1 分 （3）工具、量具、仪器仪表，使用前进行校准，违反规定扣 1 分		

续表

考核内容			考核要点	配分	评分标准	扣分	得分
电气装配与调试	工具、量具、仪器仪表		检查考生选用工具、量具、仪器仪表情况； 检查考生使用量具、仪器仪表进行测量的熟练程度； 检查考生对工具、量具、仪器仪表维护保养情况	6	（4）一般工具不可带电作业，违反规定扣 1 分 （5）防护性工具、绝缘工具按要求选用，违反规定扣 1 分 （6）不得超程使用测量量具、仪表，并按规定校零、测量、读取数据，违反规定扣 1 分 （7）工具、量具、仪器仪表不得野蛮操作，违反规定扣 1 分 扣完 6 分为止		
	装配	材料选用	根据图纸在规定的时间内，准备好相应的元器件、材料	6	（1）未按装配图要求选用元器件、材料，其名称、型号、技术参数、规格、尺寸大小、精度要求出现错误，扣 2 分 （2）安装前，未做好元器件、材料准备工作，如线缆截取长度、剥好线头等，扣 2 分 （3）未对某些零件的精度进行调整、修整或加工，且影响装配扣 2 分 （4）未检查插头、接线端子、紧固件等位置固定孔是否合适，附件、紧固件及配件是否齐全，扣 2 分 （5）安装用的附件、紧固件及其他配件不得乱摆、乱放，违反规定扣 1 分 扣完 6 分为止		
		识图与制图	正确理解装配图的基本安装要求； 能画出装配流程图； 了解安装时的技术要求和工艺规程； 了解测试要求	18	（1）正确理解装置图的基本安装要求，并画出装配流程图，出现错误扣 4 分 （2）通过读图，掌握安装的元器件和零部件的名称、型号、用途、规格、原理及数量，出现错误扣 4 分 （3）了解各元器件、零部件间的连接形式，出现错误扣 2 分 （4）根据要求掌握元器件、零部件调整技术要求和工艺规程，出现错误扣 2 分 （5）弄清楚图中断路器合闸单元的工作原理和作用，出现错误扣 2 分 （6）从图中识读，组成断路器分闸单元的元器件，各元器件名称、功能和结构特点，出现错误扣 1 分		

续表

考核内容		考核要点	配分	评分标准	扣分	得分
电气装配与调试	识图与制图	正确理解装配图的基本安装要求； 能画出装配流程图； 了解安装时的技术要求和工艺规程； 了解测试要求	18	（7）从图中识读，组成储能机构的基本元器件，储能电机的储能工作过程，出现错误扣1分 （8）从图中识读，组成传动单元的基本元器件，传动单元的工作过程，出现错误扣1分 （9）需要提前分装单元的基本结构，安装方法出现错误扣1分 （10）分析各分装单元的空间布局；出现错误扣2分 扣完18分为止		
装配	装配（电气）	按装配图施工； 分装工序、主要工序的装配符合工序要求； 正确操作； 安装过程中进行自检、互检	40	（1）按画出的工艺流程图要求正确装配，出现错误扣4分 （2）检查各零部件的尺寸、外形、表面质量等是否符合图样的要求，出现错误扣4分 （3）安装时应将各零部件表面清理干净，并对滑动零部件进行润滑，出现错误扣3分 （4）线缆端部标明回路编号，编号字迹清楚、序号正确，引入线排列整齐、避免交叉、固定牢固，出现错误扣3分 （5）二次回路接地，应设专用螺栓，出现错误扣3分 （6）接线端子的每一侧，接线宜为一根，最多不超过两根；接插式端子不同截面的导线不得接在同一个端子上；螺栓连接端子接两根导线时，中间应加平垫片，出现错误扣3分 （7）合闸单元、分闸单元应提前进行分装，再安装到支撑架上，出现错误扣4分 （8）真空灭弧室的安装，要符合灭弧室安装规范，出现错误扣4分 （9）各零部件、元器件间采用螺栓、插接、焊接连接均应牢固可靠，出现错误扣3分 （10）上出线座的引入导线，相序正确，颜色符合规定，出现错误扣3分		

续表

考核内容			考核要点	配分	评分标准	扣分	得分
电气装配与调试	装配	装配（电气）	按装配图施工； 分装工序、主要工序的装配符合工序要求； 正确操作； 安装过程中进行自检、互检	40	（11）注意蜗轮、蜗杆结构和四连杆机构的结构形式和安装方法，出现错误扣3分 （12）单列向心轴承的安装，要按规定要求进行，出现错误扣3分 （13）先检查弹簧、碟簧的性能参数，再安装，出现错误扣3分 （14）安装后未进行自检、互检，扣4分 扣完40分为止		
调试与测量		测量	断路器合闸、分闸及跳闸的测量	15	（1）机械特性试验：测量触点开距、是否超行程，按国标规定测量在最高和最低操作电压下的分、合闸时间、平均分、合闸速度、合闸触点弹跳时间等参数，违反规定扣4分 （2）机械操作试验：在规定操作电压下，连续正确、可靠分、合闸线圈各50次；以30%额定操作电压，连续分闸操作；手动分、合闸操作3次；储能电动机5次储能操作；违反规定扣4分 （3）主回路电阻测量，出现错误扣2分 （4）额定操作电压下，测量分闸线圈TBJ功率，违反规定扣2分 （5）绝缘试验，扣2分 （6）异相接地故障开断试验，违反规定扣2分 （7）额定短路开断电流、关合能力试验，违反规定扣2分 （8）结构件检查，违反规定扣2分 扣完15分为止		
		调试	根据测量结果进行机械参数调整	10	（1）根据测量结果，调整触头开距、行程、分闸及合闸时间、平均分闸及合闸速度、跳闸时间（最高、额定、最低电压），直到所安装的设备达到技术要求，出现错误扣3分 （2）调整时应做到快速、准确，出现错误扣3分 （3）调整时，不可带电进行，并注意操作安全，出现错误扣2分		

续表

考核内容		考核要点	配分	评分标准	扣分	得分
调试与测量	调试	根据测量结果进行机械参数调整	10	（4）未做好调整记录，包括计算和调整前后的数据，扣4分 扣完10分为止		
合计			100			

否定项：若考生发生下列情况之一，则应及时终止考试，考生该试题成绩记为零分。

（1）考生严重违反安全操作规程操作，违反文明生产要求，在工具、量具、仪器仪表使用中严重违反操作规程，具有损害设备或危及人身安全的情况发生。

（2）安装操作中，对使用的零部件、元器件、材料、工具和量具多次选型错误、使用不当；安装工艺、安装技能及操作方法显著不合理，经纠正无效并难以完成安装工作者。

（3）不具备高级高低压电器装配工对识图的要求，不能按图操作者。

【试题2】DL型系列电流继电器的装配、测量与调试

1. 准备要求

（1）设备准备

本题以DL－20C系列电流继电器为标准编制，考场可依据本型号考核要求，任选一种ZN型电流继电器，并按给出的图示，准备相关定时限过流保护装置电流继电器组件的有关零部件。其中线圈、触点、紧固件、接插件、线缆、铭牌、传动系统等根据图纸要求外购，需考核现场加工的零部件预备坯料或加工材料，其余零部件根据图纸准备。

（2）装配准备

序号	名　称	规　格	单位	数量	备注
1	一字旋具	100 mm、300 mm、500 mm	把	各1	
2	十字旋具	Ⅱ号、Ⅲ号、Ⅳ号	把	各1	
3	活动扳手	8英寸	把	1	
4	电工刀		把	1	
5	手电钻机钻头	$\phi 4 \sim \phi 8$ mm	把	1	
6	钢丝钳		把	1	
7	尖嘴钳		把	1	

续表

序号	名　称	规　格	单位	数量	备注
8	带插板电源线		件	1	
9	剥线钳		把	1	
10	游标卡尺	0～125 mm	把	1	
11	钢直尺	1 000 mm	把	1	

（3）测试准备

序号	名　称	规　格	单位	数量	备注
1	一字旋具	100 mm、300 mm、500 mm	把	各 1	
2	十字旋具	Ⅱ号、Ⅲ号、Ⅳ号	把	各 1	
3	活动扳手	8 英寸	把	1	
4	钢丝钳		把	1	
5	尖嘴钳		把	1	
6	带插板电源线		件	1	
7	剥线钳		把	1	
8	游标卡尺	0～125 mm	把	1	
9	钢直尺	1 000 mm	把	1	
10	电流表		台	1	
11	电压表		台	1	
12	兆欧表		台	1	
13	机械特性测试仪		台	1	
14	电源测试车		台	1	

2. 考核要求

（1）本题分值：100 分。

（2）考核时间：360 min。

（3）考核形式：实际操作。

（4）具体考核要求

1）考生根据装配图，在规定的时间内，正确选用零件、部件、元器件和材料；

正确选用安装测试工具、量具和仪器仪表；并独立完成相关电流继电器的装配、测量与调试。

2）安装完成后进行调整。

3）按测试规范要求进行测试。

4）做到安全生产。

（5）否定项说明：若考生发生下列情况之一，则应及时终止考试，考生该试题成绩记为零分。

1）考生严重违反安全操作规程操作，违反文明生产要求，在工具、量具、仪器仪表使用中严重违反操作规程，具有损害设备或危及人身安全的情况发生。

2）安装操作中，对使用的零部件、元器件、材料、工具和量具多次选型错误、使用不当；安装工艺、安装技能及操作方法显著不合理，经纠正无效并难以完成安装工作者。

3）不具备高级高低压电器装配工对识图的要求，不能按图操作者。

3. 配分与评分标准

考核内容		考核要点	配分	评分标准	扣分	得分
电气装配与调试	劳动保护与安全生产	检查考生安全操作规程执行情况； 安全操作规程的基本内容； 检查考生劳保用品穿戴情况	5	（1）劳保用品破损、污垢，违反安全文明生产要求，扣2分 （2）未检查使用工具是否安全可靠，设备启动前未做安全检查，扣2分 （3）劳动保护用品穿戴不合格或缺少者，扣1分 （4）不经允许带电操作，动作过大，影响他人人身安全者，扣1分 （5）使用电、液、气、水、风动源，违反操作规定，扣1分 扣完5分为止		
	工具、量具、仪器仪表	检查考生选用工具、量具、仪器仪表情况； 检查考生使用量具、仪器仪表进行测量的熟练程度； 检查考生对工具、量具、仪器仪表维护保养情况	6	（1）未根据装配、检测要求正确选用工具、量具、仪器仪表，扣1分 （2）未正确使用量具、仪器仪表和根据装配要求进行相关参数测量，未根据检测数据进行调试，扣1分 （3）工具、量具、仪器仪表，使用前未进行校准，扣1分		

续表

<table>
<tr><th colspan="3">考核内容</th><th>考核要点</th><th>配分</th><th>评分标准</th><th>扣分</th><th>得分</th></tr>
<tr><td rowspan="3">电气装配与调试</td><td colspan="2">工具、量具、仪器仪表</td><td>检查考生选用工具、量具、仪器仪表情况；
检查考生使用量具、仪器仪表进行测量的熟练程度；
检查考生对工具、量具、仪器仪表维护保养情况</td><td>6</td><td>（4）一般工具不可带电作业，违反规定扣1分
（5）防护性工具、绝缘工具按要求使用，违反规定扣1分
（6）不得超程使用测量量具、仪表，并按规定校零、测量、读取数据，违反规定扣1分
（7）工具、量具、仪器仪表不得野蛮操作，违反规定扣1分
扣完6分为止</td><td></td><td></td></tr>
<tr><td rowspan="2">装配</td><td>材料选用</td><td>根据图纸在规定的时间内，准备好相应的元器件、材料</td><td>6</td><td>（1）按DL—20C电流继电器装配图要求选用元器件、材料，其名称、型号、技术参数、规格、尺寸大小、精度要求正确无误，出现错误扣2分
（2）安装前，未做好元器件、材料准备工作，如线缆截取长度、剥好线头等，扣2分
（3）未对某些零件的精度进行调整、修整或加工，扣2分
（4）未检查插头、接线端子、紧固件等位置固定孔是否合适，附件、紧固件及配件是否齐全，扣2分
（5）安装用的附件、紧固件及其他配件不得乱摆乱放，违反规定扣2分
扣完6分为止</td><td></td><td></td></tr>
<tr><td>识图与制图</td><td>正确理解装配图的基本安装要求；
能画出装配流程图；
了解安装时的技术要求和工艺规程；
了解测试要求</td><td>18</td><td>（1）正确理解装配图的基本安装要求，并画出装配流程图，出现错误扣2分
（2）通过读图，掌握安装的元器件和零部件的名称、型号、用途、规格、原理及数量，出现错误扣2分
（3）了解各元器件、零部件间的连接形式，出现错误扣2分
（4）根据要求掌握元器件、零部件调整技术要求和工艺规程，出现错误扣2分
（5）弄清楚图中线圈数量、连接形式，触点的数量、接触形式、动作特性及作用，出现错误扣2分</td><td></td><td></td></tr>
</table>

续表

<table>
<tr><th colspan="3">考核内容</th><th>考核要点</th><th>配分</th><th>评分标准</th><th>扣分</th><th>得分</th></tr>
<tr><td rowspan="2">电气装配与调试</td><td rowspan="2">装配</td><td>识图与制图</td><td>正确理解装配图的基本安装要求；
能画出装配流程图；
了解安装时的技术要求和工艺规程；
了解测试要求</td><td>18</td><td>(6) 弄清楚图中表达的各零部件装配关系、连接方式、结构特点及运动情况的视图及视图中的分装要求，出现错误扣 2 分
(7) 通过识图，了解各个零部件的装配顺序，并与画出的流程图进行对照修改，出现错误扣 2 分
(8) 分析所要装配的零件的外形轮廓、尺寸、精度、配合及转配要求，出现错误扣 2 分
(9) 分析所要装配电器零件的技术参数、连接方式、线缆要求，出现错误扣 2 分
(10) 对运动部件及传动系统，了解其运动的极限位置、空间运动曲线及支撑、轴承和润滑情况，出现错误扣 2 分
扣完 18 分为止</td><td></td><td></td></tr>
<tr><td>装配（机械）</td><td>按装配图施工；
分装工序、主要工序的装配符合工序要求；
正确操作；
安装过程中进行自检、互检</td><td>40</td><td>(1) 按画出的装配流程图施工，出现错误扣 5 分
(2) 在各主要工序装配前，进行各分装工序的安装，分装完成后的部件进行初步检查，出现错误扣 5 分
(3) 线圈、触点的安装不牢固，扣 4 分
(4) 线圈及触头不得划伤，出现划伤扣 4 分
(5) 线圈及触头引出线绝缘良好，绝缘层外部不得损伤，出现损伤扣 4 分
(6) 接线端子附件不齐全，安装不牢固，扣 4 分
(7) 铭牌安装不牢固，铭牌上的技术参数不清晰，扣 4 分
(8) 触点动作不灵活，有卡滞现象，且未考虑重装，扣 4 分
(9) 紧固螺钉按 8.8 级紧固螺钉力矩测试，违反规定扣 4 分
(10) 安装完成后，未进行自检、互检，扣 4 分
扣完 40 分为止</td><td></td><td></td></tr>
</table>

续表

考核内容		考核要点	配分	评分标准	扣分	得分
调试与测量	测量	电气性能测量、绝缘性能测量、合闸及分闸测量	15	（1）未按验收规范测量所安装的电流继电器的电气性能，扣 2 分 （2）正确使用测量仪器、合理选择量程，掌握线路连接及测试方法，出现错误扣 2 分 （3）使用兆欧表测量某一电器元件（如线圈）的绝缘性能、绝缘电阻，出现错误扣 2 分 （4）正确选择仪表、线路，进行电流整定范围（0.012 5～200 A）测试，出现错误扣 2 分 （5）正确选择仪表、线路，进行额定电流（0.08～30 A）测试，出现错误扣 2 分 （6）正确选择仪表、线路，进行动作电流（0.012 5～200 A）测试，出现错误扣 2 分 （7）正确选择仪表、线路，进行动作时间测试（在 1.1 倍电流整定时，不大于 0.12 s；在 2 倍电流整定时，不大于 0.04 s），出现错误扣 2 分 （8）正确选择仪表、线路，进行触点断开容量测试，出现错误扣 2 分 扣完 15 分为止		
	调试	线路元器件的调整	10	（1）根据测量结果，未进行调整直到所安装的设备达到技术要求，扣 2 分 （2）调整时未做到快速、准确，扣 2 分 （3）各紧固件检查如有松动，未及时加固，扣 2 分 （4）动作电流、动作时间达不到要求，未重新装配，扣 2 分 （5）未检查调整各元件垂直情况，如有歪斜、不平整情况，未进行调整，扣 2 分 （6）未做好调整记录，包括计算和调整前后的数据，扣 2 分 扣完 10 分为止		
合计			100			

否定项：若考生发生下列情况之一，则应及时终止考试，考生该试题成绩记为零分。

（1）考生严重违反安全操作规程操作，违反文明生产要求，在工具、量具、仪器仪表使用中严重违反操作规程，具有损害设备或危及人身安全的情况发生。

（2）安装操作中，对使用的零部件、元器件、材料、工具和量具多次选型错误、使用不当；安装工艺、安装技能及操作方法显著不合理，经纠正无效并难以完成安装工作者。

（3）不具备高级高低压电器装配工对识图的要求，不能按图操作者。

【试题3】DZ－30B型中间继电器的装配、测量与调试

1. 准备要求

（1）设备准备

本题以DZ－30B中间继电器为标准编制，考场可依据本型号考核要求，任选一种中间继电器，并按给出的图示准备相关中间继电器组件的有关零部件。其中线圈、触点、紧固件、接插件、线缆、铭牌、传动系统等根据图纸要求外购，需考核现场加工的零部件预备坯料或加工材料，其余零部件根据图纸准备。

（2）装配准备

序号	名　称	规　格	单位	数量	备注
1	一字旋具	100 mm、300 mm、500 mm	把	各1	
2	十字旋具	Ⅱ号、Ⅲ号、Ⅳ号	把	各1	
3	活动扳手	8英寸	把	1	
4	电工刀		把	1	
5	手电钻机钻头	$\phi4\sim\phi8$ mm	把	1	
6	钢丝钳		把	1	
7	尖嘴钳		把	1	
8	带插板电源线		件	1	
9	剥线钳		把	1	
10	游标卡尺	0～125 mm	把	1	
11	钢直尺	1 000 mm	把	1	

（3）测试准备

序号	名　称	规　格	单位	数量	备注
1	一字旋具	100 mm、300 mm、500 mm	把	各1	
2	十字旋具	Ⅱ号、Ⅲ号、Ⅳ号	把	各1	
3	活动扳手	8英寸	把	1	

续表

序号	名　称	规　格	单位	数量	备注
4	钢丝钳		把	1	
5	尖嘴钳		把	1	
6	带插板电源线		件	1	
7	剥线钳		把	1	
8	游标卡尺	0～125 mm	把	1	
9	钢直尺	1 000 mm	把	1	
10	电流表		台	1	
11	电压表		台	1	
12	兆欧表		台	1	
13	机械特性测试仪		台	1	
14	电源测试车		台	1	

2. 考核要求

（1）本题分值：100 分。

（2）考核时间：360 min。

（3）考核形式：实际操作。

（4）具体考核要求

1）考生根据装配图，在规定的时间内，正确选用零件、部件、元器件和材料；正确选用安装测试工具、量具和仪器仪表；并独立完成相关的中间继电器的装配、测量与调试。

2）安装完成后进行调整。

3）按测试规范要求进行测试。

4）做到安全生产。

（5）否定项说明：若考生发生下列情况之一，则应及时终止考试，考生该试题成绩记为零分。

1）考生严重违反安全操作规程操作，违反文明生产要求，在工具、量具、仪器仪表使用中严重违反操作规程，具有损害设备或危及人身安全的情况发生。

2）安装操作中，对使用的零部件、元器件、材料、工具和量具多次选型错误、使用不当；安装工艺、安装技能及操作方法显著不合理，经纠正无效并难以完成安装工作者。

3）不具备高级高低压电器装配工对识图的要求，不能按图操作者。

3．配分与评分标准

考核内容		考核要点	配分	评分标准	扣分	得分
电气装配与调试	劳动保护与安全生产	检查考生安全操作规程执行情况； 安全操作规程的基本内容； 检查考生劳保用品穿戴情况	5	（1）劳保用品破损、污垢，违反安全文明生产要求，扣2分 （2）未检查使用工具是否安全可靠，设备启动前未做安全检查，扣2分 （3）劳动保护用品穿戴不合格或缺少者，扣1分 （4）不经允许带电操作，动作过大，影响他人人身安全者，扣1分 （5）使用电、液、气、水、风动源，违反操作规定，扣1分 扣完5分为止		
	工具、量具、仪器仪表	检查考生选用工具、量具、仪器仪表情况； 检查考生使用量具、仪器仪表进行测量的熟练程度； 检查考生对工具、量具、仪器仪表维护保养情况	6	（1）未根据装配、检测要求正确选用工具、量具、仪器仪表，扣1分 （2）未正确使用量具、仪器仪表和根据装配要求进行相关参数测量，未根据检测数据，进行调试，扣1分 （3）工具、量具、仪器仪表，使用前未进行校准，扣1分 （4）一般工具不可带电作业，违反规定扣1分 （5）防护性工具、绝缘工具按要求使用，违反规定扣1分 （6）不得超程使用测量量具、仪表，并按规定校零、测量、读取数据，违反规定扣1分 （7）工具、量具、仪器仪表不得野蛮操作，违反规定扣1分 扣完6分为止		

续表

考核内容			考核要点	配分	评分标准	扣分	得分
电气装配与调试	装配	材料选用	根据图纸在规定的时间内，准备好相应的元器件、材料	6	（1）按 DZ－30B 中间继电器的装配图要求选用元器件与材料的名称、型号、技术参数、规格、尺寸大小、精度要求等，出现错误扣 2 分 （2）安装前，未做好元器件、材料准备工作，如线缆截取长度、剥好线头等，扣 2 分 （3）未对某些零件的精度进行调整、修整或加工，扣 2 分 （4）未检查插头、接线端子、紧固件等位置固定孔是否合适，附件、紧固件及配件是否齐全，扣 2 分 （5）安装用的附件、紧固件及其他配件不得乱摆乱放，违反规定扣 2 分 扣完 6 分为止		
		识图与制图	正确理解装配图的基本安装要求； 能画出装配流程图； 了解安装时的技术要求和工艺规程； 了解测试要求	18	（1）正确理解装配图的基本安装要求，并画出装配流程图，出现错误扣 4 分 （2）通过读图，掌握安装的元器件和零部件的名称、型号、用途、规格、原理及数量，出现错误扣 4 分 （3）了解各元器件、零部件间的连接形式，出现错误扣 2 分 （4）根据要求掌握元器件、零部件调整技术要求和工艺规程，出现错误扣 2 分 （5）弄清楚图中线圈数量、连接形式，触点的数量、接触形式、动作特性及作用，出现错误扣 2 分 （6）弄清楚图中表达的各零部件装配关系、连接方式、结构特点及运动情况的视图及视图中的分装要求，出现错误扣 2 分 （7）通过识图，了解各个零部件的装配顺序，并与画出的流程图进行对照修改，出现错误扣 2 分 （8）分析所要装配的零件的外形轮廓、尺寸、精度、配合及转配要求，出现错误扣 1 分		

续表

考核内容			考核要点	配分	评分标准	扣分	得分
电气装配与调试	装配	识图与制图	正确理解装配图的基本安装要求； 能画出装配流程图； 了解安装时的技术要求和工艺规程； 了解测试要求	18	(9) 分析电器零件的技术参数、连接方式、线缆要求，出现错误扣2分 (10) 对运动部件及传动系统，了解其运动的极限位置、空间运动曲线及支撑、轴承和润滑情况，出现错误扣2分 扣完18分为止		
		装配（机械）	按装配图施工； 分装工序、主要工序的装配符合工序要求； 正确操作； 安装过程中进行自检、互检	40	(1) 未按画出的装配流程图施工，扣5分 (2) 未在各主要工序装配前，进行各分装工序的安装，分装完成后的部件进行初步检查，扣5分 (3) 线圈、触点的安装不牢固，扣4分 (4) 线圈及触头出现划伤，扣4分 (5) 线圈及触头引出线绝缘良好，绝缘层外部不得损伤，出现损伤扣4分 (6) 接线端子附件不齐全，安装不牢固，扣3分 (7) 铭牌安装不牢固，铭牌上的技术参数不清晰，扣4分 (8) 触点动作不灵活，有卡滞现象，未重装，扣4分 (9) 紧固螺钉未按8.8级紧固螺钉力矩测试，扣4分 (10) 安装完成后，未进行自检、互检，扣4分 扣完40分为止		
调试与测量	测量		电气性能测量、绝缘性能测量、合闸及分闸测量	15	(1) 未按验收规范测量所安装的中间继电器的电气性能，扣2分 (2) 未正确使用测量仪器、合理选择量程，未掌握线路连接及测试方法，扣2分 (3) 未使用兆欧表测量某一电器元件（如线圈）的绝缘性能、绝缘电阻，扣2分 (4) 正确选择仪表、线路，进行直流额定电压的（12 V、24 V、48 V、110 V、220 V）测试，出现错误扣2分		

续表

考核内容		考核要点	配分	评分标准	扣分	得分
调试与测量	测量	电气性能测量、绝缘性能测量、合闸及分闸测量	15	（5）正确选择仪表、线路，进行动作电压（不大于额定电压的70%，不小于额定电压的30%）测试：出现错误扣2分 （6）正确选择仪表、线路，进行动作时间（在额定电压下，不大于0.05 s）测试，出现错误扣2分 （7）正确选择仪表、线路，进行返回电压（不小于额定电压的5%）测试，出现错误扣2分 （8）正确选择仪表、线路，进行触点断开容量测试，出现错误扣2分 扣完15分为止		
	调试	性能的调整	10	（1）未根据测量结果，进行调整直到所安装的设备达到技术要求，扣2分 （2）调整时未做到快速、准确，扣2分 （3）对各紧固件检查如有松动，未及时加固，扣2分 （4）动作电压、动作时间、返回电压达不到要求，未重新装配，扣2分 （5）检查调整各元件垂直情况，如有歪斜、不平整情况，未进行调整，扣2分 （6）未做好调整记录，包括计算和调整前后的数据，扣2分 扣完10分为止		
合计			100			

否定项：若考生发生下列情况之一，则应及时终止考试，考生该试题成绩记为零分。

（1）考生严重违反安全操作规程操作，违反文明生产要求，在工具、量具、仪器仪表使用中严重违反操作规程，具有损害设备或危及人身安全的情况发生。

（2）安装操作中，对使用的零部件、元器件、材料、工具和量具多次选型错误、使用不当；安装工艺、安装技能及操作方法显著不合理，经纠正无效并难以完成安装工作者。

（3）不具备高级高低压电器装配工对识图的要求，不能按图操作者。

【试题 4】CJ 型交流接触器的装配、测量与调试

1. 准备要求

（1）设备准备

本题以 CJ35－40 交流接触器为标准编制，考场可依据本型号考核要求，任选一种交流接触器，并按给出的图示准备相关交流接触器组件的零部件。其中线圈、触点、紧固件、接插件、线缆、铭牌、传动系统等根据图纸要求外购，需考核现场加工的零部件预备坯料或加工材料，其余零部件根据图纸准备。

（2）装配准备

序号	名　称	规　格	单位	数量	备注
1	一字旋具	100 mm、300 mm、500 mm	把	各 1	
2	十字旋具	Ⅱ号、Ⅲ号、Ⅳ号	把	各 1	
3	活动扳手	8 英寸	把	1	
4	电工刀		把	1	
5	手电钻机钻头	$\phi4 \sim \phi8$ mm	把	1	
6	钢丝钳		把	1	
7	尖嘴钳		把	1	
8	带插板电源线		件	1	
9	剥线钳		把	1	
10	游标卡尺	0～125 mm	把	1	
11	钢直尺	1 000 mm	把	1	

（3）测试准备

序号	名　称	规　格	单位	数量	备注
1	一字旋具	100 mm、300 mm、500 mm	把	各 1	
2	十字旋具	Ⅱ号、Ⅲ号、Ⅳ号	把	各 1	
3	活动扳手	8 英寸	把	1	

续表

序号	名　称	规　格	单位	数量	备注
4	钢丝钳		把	1	
5	尖嘴钳		把	1	
6	带插板电源线		件	1	
7	剥线钳		把	1	
8	游标卡尺	0～125 mm	把	1	
9	钢直尺	1 000 mm	把	1	
10	电流表		台	1	
11	电压表		台	1	
12	兆欧表		台	1	
13	机械特性测试仪		台	1	
14	电源测试车		台	1	

2. 考核要求

（1）本题分值：100 分。

（2）考核时间：360 min。

（3）考核形式：实际操作。

（4）具体考核要求

1）考生根据装配图，在规定的时间内，正确选用零件、部件、元器件和材料；正确选用安装测试工具、量具和仪器仪表；并独立完成交流接触器的装配、测量与调试。

2）安装完成后进行调整。

3）按测试规范要求进行测试。

4）做到安全生产。

（5）否定项说明：若考生发生下列情况之一，则应及时终止考试，考生该试题成绩记为零分。

1）考生严重违反安全操作规程操作，违反文明生产要求，在工具、量具、仪器仪表使用中严重违反操作规程，具有损害设备或危及人身安全的情况发生。

2）安装操作中，对使用的零部件、元器件、材料、工具和量具多次选型错误、使用不当；安装工艺、安装技能及操作方法显著不合理，经纠正无效并难以完成安装工作者。

3）不具备高级高低压电器装配工对识图的要求，不能按图操作者。

3. 配分与评分标准

考核内容		考核要点	配分	评分标准	扣分	得分
电气装配与调试	劳动保护与安全生产	检查考生安全操作规程执行情况； 安全操作规程的基本内容； 检查考生劳保用品穿戴情况	5	（1）劳保用品破损、污垢，违反安全文明生产要求，扣2分 （2）未检查使用工具是否安全可靠，设备启动前未做安全检查，扣2分 （3）劳动保护用品穿戴不合格或缺少者，扣1分 （4）不经允许带电操作，动作过大，影响他人人身安全者，扣1分 （5）使用电、液、气、水、风动源，违反操作规定，扣1分 扣完5分为止		
	工具、量具、仪器仪表	检查考生选用工具、量具、仪器仪表情况； 检查考生使用量具、仪器仪表进行测量的熟练程度； 检查考生对工具、量具、仪器仪表维护保养情况	6	（1）未根据装配、检测要求正确选用工具、量具、仪器仪表，扣1分 （2）未正确使用量具、仪器仪表和根据装配要求进行相关参数测量，未根据检测数据，进行调试，扣1分 （3）工具、量具、仪器仪表，使用前未进行校准，扣1分 （4）一般工具不可带电作业，违反规定扣1分 （5）防护性工具、绝缘工具未按要求使用，扣1分 （6）不得超程使用测量量具、仪表，未按规定校零、测量、读取数据，扣1分 （7）工具、量具、仪器仪表不得野蛮操作，违反规定扣1分 扣完6分为止		

续表

考核内容			考核要点	配分	评分标准	扣分	得分
电气装配与调试	装配	材料选用	根据图纸在规定的时间内，准备好相应的元器件、材料	6	（1）未按CJ35－40交流接触器装配图要求选用元器件与材料的名称、型号、技术参数、规格、尺寸大小、精度要求等，出现错误，扣2分 （2）安装前，未做好元器件、材料准备工作，如线缆截取长度、剥好线头等，扣2分 （3）未对某些零件的精度进行调整、修整或加工，扣2分 （4）未检查插头、接线端子、紧固件等位置固定孔是否合适，附件、紧固件及配件是否齐全，扣2分 （5）安装用的附件、紧固件及其他配件不得乱摆、乱放，违反规定扣2分 扣完6分为止		
		识图与制图	正确理解装配图的基本安装要求； 能画出装配流程图； 了解安装时的技术要求和工艺规程； 了解测试要求	18	（1）正确理解装配图的基本安装要求，并画出装配流程图，出现错误扣4分 （2）通过读图，掌握安装的元器件和零部件的名称、型号、用途、规格、原理及数量，出现错误扣4分 （3）了解各元器件、零部件间的连接形式，出现错误扣2分 （4）根据要求掌握元器件、零部件调整技术要求和工艺规程，出现错误扣2分 （5）弄清楚图中线圈数量、连接形式，触点的数量、接触形式、动作特性及作用，出现错误扣2分 （6）弄清楚图中表达的各零部件装配关系、连接方式、结构特点及运动情况的视图及视图中的分装要求，出现错误扣2分 （7）通过识图，了解各个零部件的装配顺序，并与画出的流程图进行对照修改，出现错误扣2分 （8）分析所要装配的零件的外形轮廓、尺寸、精度、配合及转配要求，出现错误扣1分 （9）分析电器零件的技术参数、连接方式、线缆要求，出现错误扣2分 （10）对运动部件及传动系统，了解其运动的极限位置、空间运动曲线及支撑、轴承和润滑情况，出现错误扣2分 扣完18分为止		

续表

考核内容			考核要点	配分	评分标准	扣分	得分
电气装配与调试	装配	装配（机械）	按装配图施工； 分装工序、主要工序的装配符合工序要求； 正确操作； 安装过程中进行自检、互检	40	（1）按画出的装配流程图施工，出现错误扣5分 （2）未在各主要工序装配前，进行各分装工序的安装，分装完成后的部件未进行初步检查，扣5分 （3）线圈、触点的安装不牢固，扣4分 （4）线圈及触头不得划伤，出现划伤扣4分 （5）线圈及触头引出线绝缘良好，绝缘层外部不得损伤，出现损伤扣4分 （6）接线端子附件不齐全，安装不牢固，扣3分 （7）铭牌安装不牢固，铭牌上的技术参数不清晰，扣4分 （8）触点动作不灵活，有卡滞现象，未考虑重装，扣4分 （9）紧固螺钉未按8.8级紧固螺钉力矩测试，扣4分 （10）安装完成后，未进行自检、互检，扣4分 扣完40分为止		
调试与测量	测量		电气性能测量、绝缘性能测量	15	（1）未按验收规范测量所安装的CJ35—40交流接触器，扣2分 （2）未正确使用测量仪器、合理选择量程，未掌握线路连接及测试方法，扣2分 （3）正确使用兆欧表测量某一电器元件（如线圈）的绝缘性能、绝缘电阻，出现错误扣2分 （4）正确选择仪表、线路，进行额定绝缘电压（660 V）测试，出现错误扣2分 （5）正确选择仪表、线路，进行额定发热电流（60 A）测试，出现错误扣2分 （6）AC－3使用类别下工作电流（380 V）40 A，违反规定扣2分 （7）AC—3使用类别下控制电动机功率（380 V）18.5 kW，违反规定扣2分 （8）正确选择仪表、线路，进行操作频率测试，出现错误扣2分 （9）正确选择仪表、线路，进行线圈工作功率（10 W）测试，出现错误扣2分 扣完15分为止		

续表

考核内容		考核要点	配分	评分标准	扣分	得分
调试与测量	调试	性能的调整	10	（1）未根据测量结果，进行调整直到所安装的设备达到技术要求，扣 2 分 （2）调整时未做到快速、准确，扣 2 分 （3）对各紧固件检查如有松动，未及时加固，扣 2 分 （4）操作频率测试不合格，未重新装配，扣 2 分 （5）检查调整各元件垂直情况，如有歪斜、不平整情况，未进行调整，扣 2 分 （6）未做好调整记录，包括计算和调整前后的数据，扣 2 分 扣完 10 分为止		
合计			100			

否定项：若考生发生下列情况之一，则应及时终止考试，考生该试题成绩记为零分。

（1）考生严重违反安全操作规程操作，违反文明生产要求，在工具、量具、仪器仪表使用中严重违反操作规程，具有损害设备或危及人身安全的情况发生。

（2）安装操作中，对使用的零部件、元器件、材料、工具和量具多次选型错误、使用不当；安装工艺、安装技能及操作方法显著不合理，经纠正无效并难以完成安装工作者。

（3）不具备高级高低压电器装配工对识图的要求，不能按图操作者。

第十一部分

操作技能考核模拟试卷

高级高低压电器装配工 操作技能考核模拟试卷

职业技能鉴定国家题库试卷

高级高低压电器装配工操作技能
考核准备通知单（考场）

试题

1. 设备准备

本题以DZ—30B中间继电器为标准编制，考场可依据本型号考核要求，任选一种中间继电器，并按给出的图示，准备相关中间继电器组件的有关零部件。其中线圈、触点、紧固件、接插件、线缆、铭牌、传动系统等根据图纸要求外购，需考核现场加工的零部件预备坯料或加工材料，其余零部件根据图纸准备。

2. 装配准备

序号	名　　称	规　　格	单位	数量	备注
1	一字旋具	100 mm、300 mm、500 mm	把	各 1	
2	十字旋具	Ⅱ号、Ⅲ号、Ⅳ号	把	各 1	
3	活动扳手	8 英寸	把	1	
4	电工刀		把	1	
5	手电钻机钻头	$\phi4 \sim \phi8$ mm	把	1	
6	钢丝钳		把	1	
7	尖嘴钳		把	1	
8	带插板电源线		件	1	
9	剥线钳		把	1	
10	游标卡尺	0～125 mm	把	1	
11	钢直尺	1 000 mm	把	1	

3. 测试准备

序号	名　　称	规　　格	单位	数量	备注
1	一字旋具	100 mm、300 mm、500 mm	把	各 1	
2	十字旋具	Ⅱ号、Ⅲ号、Ⅳ号	把	各 1	
3	活动扳手	8 英寸	把	1	
4	钢丝钳		把	1	
5	尖嘴钳		把	1	
6	带插板电源线		件	1	
7	剥线钳		把	1	
8	游标卡尺	0～125 mm	把	1	
9	钢直尺	1 000 mm	把	1	
10	电流表		台	1	
11	电压表		台	1	
12	兆欧表		台	1	
13	机械特性测试仪		台	1	
14	电源测试车		台	1	

职业技能鉴定国家题库试卷

高级高低压电器装配工操作技能考核准备通知单（考生）

姓名：________　准考证号：________________　单位：________________

试题（由考场准备）

职业技能鉴定国家题库试卷

高级高低压电器装配工操作技能考核试卷

考件编号：______________

注 意 事 项

一、本试卷依据2002年颁布的《国家职业标准——高低压电器装配工》命制。

二、本试卷试题如无特别注明，则为全国通用。

三、请考生仔细阅读试题的具体考核要求，并按要求完成操作或进行笔答或口答。

四、操作技能考核时要遵守考场纪律，服从考场管理人员指挥，以保证考核安全顺利进行。

DZ－30B型中间继电器的装配、测量与调试

（1）本题分值：100分。

（2）考核时间：360 min。

（3）考核形式：实际操作。

（4）具体考核要求

1）考生根据装配图，在规定的时间内，正确选用零件、部件、元器件和材料；正确选用安装测试工具、量具和仪器仪表；并独立完成相关的中间继电器的装配、测量与调试。

2）安装完成后进行调整。

3）按测试规范要求进行测试。

4）做到安全生产。

（5）否定项说明：若考生发生下列情况之一，则应及时终止考试，考生该试题成绩记为零分。

1）考生严重违反安全操作规程操作，违反文明生产要求，在工具、量具、仪器仪表使用中严重违反操作规程，具有损害设备或危及人身安全的情况发生。

2）安装操作中，对使用的零部件、元器件、材料、工具和量具多次选型错误、使用不当；安装工艺、安装技能及操作方法显著不合理，经纠正无效并难以完成安装工作者。

3）不具备高级高低压电器装配工对识图的要求，不能按图操作者。

职业技能鉴定国家题库试卷

高级高低压电器装配工操作技能考核评分记录表

考件编号：________ 姓名：________ 准考证号：________ 单位：________

试题：DZ－30B 型中间继电器的装配、测量与调试

考核内容		考核要点	配分	评分标准	扣分	得分
电气装配与调试	劳动保护与安全生产	检查考生安全操作规程执行情况； 安全操作规程的基本内容； 检查考生劳保用品穿戴情况	5	（1）劳保用品破损、污垢，违反安全文明生产要求，扣 2 分 （2）未检查使用工具是否安全可靠，设备启动前未做安全检查，扣 2 分 （3）劳动保护用品穿戴不合格或缺少者，扣 1 分 （4）不经允许带电操作，动作过大，影响他人人身安全者，扣 1 分 （5）使用电、液、气、水、风动源，违反操作规定，扣 1 分 扣完 5 分为止		
	工具、量具、仪器仪表	检查考生选用工具、量具、仪器仪表情况； 检查考生使用量具、仪器仪表进行测量的熟练程度； 检查考生对工具、量具、仪器仪表维护保养情况	6	（1）未根据装配、检测要求正确选用工具、量具、仪器仪表，扣 1 分 （2）未正确使用量具、仪器仪表并根据装配要求进行相关参数测量，未根据检测数据，进行调试，扣 1 分 （3）工具、量具、仪器仪表，使用前未进行校准，扣 1 分 （4）一般工具不可带电作业，违反规定扣 1 分 （5）防护性工具、绝缘工具按要求使用，违反规定扣 1 分 （6）不得超程使用测量量具、仪表，并按规定校零、测量、读取数据，违反规定扣 1 分 （7）工具、量具、仪器仪表不得野蛮操作，违反规定扣 1 分 扣完 6 分为止		

续表

考核内容			考核要点	配分	评分标准	扣分	得分
电气装配与调试	装配	材料选用	根据图纸在规定的时间内，准备好相应的元器件、材料	6	（1）按 DZ－30B 中间继电器的装配图要求选用元器件与材料的名称、型号、技术参数、规格、尺寸大小、精度要求等，出现错误扣 2 分 （2）安装前，未做好元器件、材料准备工作，如线缆截取长度、剥好线头等，扣 2 分 （3）未对某些零件的精度进行调整、修整或加工，扣 2 分 （4）未检查插头、接线端子、紧固件等位置固定孔是否合适，附件、紧固件及配件是否齐全，扣 2 分 （5）安装用的附件、紧固件及其他配件不得乱摆、乱放，违反规定扣 2 分 扣完 6 分为止		
		识图与制图	正确理解装配图的基本安装要求； 能画出装配流程图； 了解安装时的技术要求和工艺规程； 了解测试要求	18	（1）正确理解装配图的基本安装要求，并画出装配流程图，出现错误扣 4 分 （2）通过读图，掌握安装的元器件和零部件的名称、型号、用途、规格、原理及数量，出现错误扣 4 分 （3）了解各元器件、零部件间的连接形式，出现错误扣 2 分 （4）根据要求掌握元器件、零部件调整技术要求和工艺规程，出现错误扣 2 分 （5）弄清楚图中线圈数量、连接形式，触点的数量、接触形式、动作特性及作用，出现错误扣 2 分 （6）弄清楚图中表达的各零部件装配关系、连接方式、结构特点及运动情况的视图及视图中的分装要求，出现错误扣 2 分 （7）通过识图，了解各个零部件的装配顺序，并与画出的流程图进行对照修改，出现错误扣 2 分 （8）分析所要装配的零件的外形轮廓、尺寸、精度、配合及转配要求，出现错误扣 1 分 （9）分析电器零件的技术参数、连接方式、线缆要求，出现错误扣 2 分 （10）对运动部件及传动系统，了解其运动的极限位置、空间运动曲线及支撑、轴承和润滑情况，出现错误扣 2 分 扣完 18 分为止		

续表

考核内容			考核要点	配分	评分标准	扣分	得分
电气装配与调试	装配	装配（机械）	按装配图施工； 分装工序、主要工序的装配符合工序要求； 正确操作； 安装过程中进行自检、互检	40	（1）未按画出的装配流程图施工，扣5分 （2）未在各主要工序装配前，进行各分装工序的安装，分装完成后的部件未进行初步检查，扣5分 （3）线圈、触点的安装不牢固，扣4分 （4）线圈及触头出现划伤，扣4分 （5）线圈及触头引出线绝缘良好，绝缘层外部不得损伤，出现损伤扣4分 （6）接线端子附件不齐全，安装不牢固，扣3分 （7）铭牌安装不牢固，铭牌上的技术参数不清晰，扣4分 （8）触点动作不灵活，有卡滞现象，未重装，扣4分 （9）紧固螺钉未按8.8级紧固螺钉力矩测试，扣4分 （10）安装完成后，未进行自检、互检，扣4分 扣完40分为止		
调试与测量		测量	电气性能测量、绝缘性能测量、合闸及分闸测量	15	（1）未按验收规范测量所安装的中间继电器的电气性能，扣2分 （2）未正确使用测量仪器、合理选择量程，未掌握线路连接及测试方法，扣2分 （3）未使用兆欧表测量某一电器元件（如线圈）的绝缘性能、绝缘电阻，扣2分 （4）正确选择仪表、线路，进行直流额定电压的（12 V、24 V、48 V、110 V、220 V）测试，出现错误扣2分 （5）正确选择仪表、线路，进行动作电压（不大于额定电压的70%，不小于额定电压的30%）测试，出现错误扣2分 （6）正确选择仪表、线路，进行动作时间（在额定电压下，不大于0.05 s）测试，出现错误扣2分		

续表

<table>
<tr><th colspan="2">考核内容</th><th>考核要点</th><th>配分</th><th>评分标准</th><th>扣分</th><th>得分</th></tr>
<tr><td rowspan="2">调试与测量</td><td>测量</td><td>电气性能测量、绝缘性能测量、合闸及分闸测量</td><td>15</td><td>(7) 正确选择仪表、线路，进行返回电压（不小于额定电压的 5%）测试，出现错误扣 2 分
(8) 正确选择仪表、线路，进行触点断开容量测试，出现错误扣 2 分
扣完 15 分为止</td><td></td><td></td></tr>
<tr><td>调试</td><td>性能的调整</td><td>10</td><td>(1) 未根据测量结果，进行调整直到所安装的设备达到技术要求，扣 2 分
(2) 调整时未做到快速、准确，扣 2 分
(3) 各紧固件检查如有松动，未及时加固，扣 2 分
(4) 动作电压、动作时间、返回电压达不到要求，未重新装配，扣 2 分
(5) 检查调整各元件垂直情况，如有歪斜、不平整情况，未进行调整，扣 2 分
(6) 未做好调整记录，包括计算和调整前后的数据，扣 2 分
扣完 10 分为止</td><td></td><td></td></tr>
<tr><td colspan="3">合计</td><td>100</td><td></td><td></td><td></td></tr>
</table>

否定项：若考生发生下列情况之一，则应及时终止考试，考生该试题成绩记为零分。

(1) 考生严重违反安全操作规程操作，违反文明生产要求，在工具、量具、仪器仪表使用中严重违反操作规程，具有损害设备或危及人身安全的情况发生。

(2) 安装操作中，对使用的零部件、元器件、材料、工具和量具多次选型错误、使用不当；安装工艺、安装技能及操作方法显著不合理，经纠正无效并难以完成安装工作者。

(3) 不具备高级高低压电器装配工对识图的要求，不能按图操作者。

评分人：　　　　年　月　日　　　　　　　　核分人：　　　　年　月　日